교통정온화·인간중심·유니버설디자인

보차공존도로

공학박사·기술사 손원표

도서
출판 반석기술

머리말

걷고 싶은 거리와 살고 싶은 마을

　그동안 생활 수준의 향상에 따라 이제 도로는 단순한 길이 아니라 가로환경이 되었으며 나아가 문화환경, 도시환경으로 변화하고 있다. 이러한 변화는 도로가 자동차와 자전거, 인간이 공존하는 공간으로써 종래 자동차 중심의 사고에서 인간을 중심으로 한 가로환경으로 변모해야 한다는 것을 시사하고 있다.
　도시지역 가로는 이동 기능 중심으로 치우치는 지방지역 도로와 엄연히 구분되어야 하고, 차량과 인간이 공존하며 궁극적으로는 인간 중심의 공간으로 바뀌어 보행자들이 편안하고 쾌적한 환경에서 거리로 나와서 거닐고 느끼고 즐길 수 있는 공간이 되어야 한다.
　빠르고 편리한 교통수단을 원했던 인간의 필요로 이용되어 온 자동차가 언제부터인가 주객이 바뀌어 사람들을 위협하기 시작하여 주택가 골목길에 사람들이 다니는 통로보다 주차공간을 우선으로 마련하였으며, 사람들은 주행하는 차량과 주차된 차량을 피해 주의를 기울이며 다니는 현실이 되었다.
　'걸어 다닐 수 있는 도시, Walkable City'(제프 스펙)에서 부와 건강, 지속가능성에 대한 해답으로 '걸어 다니면서 누릴 수 있는 삶'을 제시하였지만, 현대의 도시는 '원활한 교통, 충분한 주차공간'이라는 요소에 집중하여 거리에서 사람들을 배제했다. 지금까지 대부분 도시는 넓은 차도와 좁은 인도, 사라진 가로수, 드라이브 스루 상점, 거대한 주차장 등 차량이 중심이 되는 거리 풍경을 만들어 왔지만, 이제는 인간 중심으로 가치관이 전환되어야 하는 시점에 있다.
　1970년대 네덜란드에서 시작된 '본엘프, Woonerf, 생활 속 터'는 종래 '차량이 주인'이란 생각에 정면으로 도전한 것으로 '도시 가로의 주인은 어디까지나 인간이고 차량은 손님에 불과하다.'는 의식을 내세워 주민들이 외부교통의 주거지 침입에 대항하기 위해 화분, 의자 등 장애물을 내다 놓은 것에서 시작하였다.

네덜란드에서 시작한 이러한 경향은 영국, 독일 등 유럽을 거쳐 미국, 일본 등 선진국에 전파되어 도시지역 생활도로에서 가로환경과 생활환경을 보전하는 관점에서 추진한 것이 교통정온화이며, 교통정온화의 개념은 네덜란드 델프트시에서 주민들의 필요에 따라 시행한 주거환경개선사업의 당위성과 일치한다. 간선도로에서 주택가 또는 주거지 생활도로와 같은 이면도로로 통과교통 진입을 배제하고, 통행규제 및 차량의 속도를 억제함으로써 보행자와 어린이, 노약자 등 교통약자들의 생활공간 확보와 사람과 차량의 공존을 꾀하고 나머지 공간을 이용하여 도로교통 환경을 개선하는 것이다.

우리나라에서는 교통정온화의 성격을 접목한 '지구교통개선사업, 그린파킹사업, 어린이보호구역사업, 보행환경개선사업, 보행우선구역사업, 생활도로 존 30 사업' 등으로 사업을 시행하였으며, 이러한 사업의 시행과정에서 문제점과 개선사항, 시사점 등을 도출하여 우리나라에서 적용이 가능한 교통정온화기법의 적용방안을 정립할 필요가 있다.

1990년대 중반부터 서울시 강남지역을 중심으로 생활도로(이면도로)에 '지구교통개선사업'으로 시행된 교통정온화사업은 초기에 주민들과 공간대 확산 부족으로 과속방지턱, 주차구획선, 일방통행, 보도정비, 교통표지판 설치 등으로 국한되는 한계성을 가졌지만, 이후 '교통정온화기법에 관한 연구'(국토교통과학기술진흥원, 2014)가 수행되어 이를 바탕으로 하여 '교통정온화시설 설치 및 관리지침'(국토교통부, 2019)이 제정되었으며 2020년, '도로의 구조·시설 기준에 관한 규칙'에 교통정온화시설의 설치근거(제38조 제3항)가 마련되었다.

보행우선구역 시범사업이 2007년부터 수행되면서 도시지역 가로, 특히 생활도로에서 보행자가 중심이 되는 가로환경 보전의 중요성이 인식되었으며, 교통정온화사업이 교통사고의 감소와 예방은 물론 쾌적한 보행공간 확보, 교통공해 저감, 이동성과 접근성 향상 등으로 생활환경을 개선하여 지역 커뮤니티 활성화에도 기여하고 있는 점도 부각되고 있다.

2000년대 초반부터 도로안전진단(RSA) 분야에 관심을 가지면서 도로의 주요 기능인 이동성과 접근성을 지방지역이 아닌 도시지역 가로에서 어떻게 접목해야 할 것인지를 고민하는 과정에서 자연스레 교통정온화를 접하였으며, 이후로 교통정책 선진국인 유럽, 미국, 일본 등의 도시지역 가로를 답사하면서 우리나라에도 이러한 보행자와 주거지역에서 생활하는 사람들을 배려하고 지역의 커뮤니티 활성화에 도움을 주는 보차공존도로와 관련한 선진기법이 도입되어야 할 필요성을 깊이 느끼게 되었다.

마침, 2010년대에 들어서 국토교통과학기술진흥원의 R&D 과제로 '교통정온화기법 적용 기준에 관한 연구'(2014)를 수행하면서 외국의 선진사례를 연구하며 그동안 느꼈던 것들을 집약하여 우리나라에 적용할 수 있는 한국형 교통정온화의 정립 방안에 대해 연구자들과 함께 고민하고 토론하며 도출했던 성과들을 중심으로 하여 최근의 트렌드인 인간 중심 도로와 연계하여 자료로 엮어서 관련분야의 기술자, 연구자, 전문가들과 공유하는 기회를 갖고자 하는 생각으로 저술작업을 하여 성과를 엮게 되었다.

도시지역 가로에서 보행자에 대한 적극적인 배려는 행정안전부에서 '보행안전법'을 개정하여 보행자들의 안전을 위해 차도와 인도가 구분되지 않은 '보행자 우선도로'를 지정할 수 있도록 하여 2022년 7월부터 시행하고 있다. 보행자 우선도로는 보행자의 통행우선권을 두어 도로의 전체 부분이 인도 역할을 함으로써 보행자들이 차량을 피하지 않을 수 있고 차량 속도를 필요에 따라 20km/h까지 제한할 수 있는 도로이다.

보행에 관한 관심의 증대는 '동네 걷기 동네 계획', '걸어 다닐 수 있는 도시', '보행교통의 이해', '도시의 프롬나드', '커뮤니케이션 디자인' 등 여러 가지 저서에서 나타나고 있으며, 이러한 도시지역 가로의 보행권 확보에 있어서 반드시 수반되어야 하는 요소가 바로 '교통정온화'이다.

근래에 들어서 관심이 높아지고 있는 어린이보호구역에서도 통과 차량의 속도를 낮추고 보행자, 어린이들의 안전을 확보하는데 필수적인 요소가 바로 교통정온화기법이며, 서울시에서는 2020년부터 '초등학교 주변 보행로 시범사업'을 시행하여 생활도로, 특히 초등학교 주변 보행로에 대해 30km/h 적용을 준수하도록 하고, 나아가 사업의 성과를 지속해서 분석하여 앞으로 20km/h 적용을 확대하는 것으로 계획하고 있는 것은 앞으로 도시지역 가로에서 교통정책이 추구해야 할 방향성을 제시하고 있다.

이러한 과정에서 지금까지 시설물 설치를 우선으로 하는 1차원적 사고방식과 교통공학 관점에서 벗어나 교통심리학 관점에서 접근하여, 불필요한 시설물을 억제하고 보차공존 공간의 확대로 차량 운전자들이 변화된 교통환경을 먼저 인식하고 속도를 줄여 보행자의 안전이 확보되는 편안한 가로환경이 조성되어 거리에 활기가 생기고 인간중심 공간으로 변화되어야 보차공존도로, 보행자 우선도로, 보행자 전용거리 등 개념이 확산할 수 있을 것이다.

2022년 늦가을
저자 손 원 표

목 차

CHAPTER 1 교통정온화의 개념과 필요성 　　11

   1. 교통정온화의 개념 ·· 13
   2. 교통정온화의 정의 ·· 13
   3. 교통정온화의 필요성 ·· 17

CHAPTER 2 외국의 교통정온화사업 　　19

   1. 네덜란드의 본엘프(Woonerf) ··· 21
      1.1 델프트 베스타르크 바르티아 지구(Westerk Wartier) ············ 22
      1.2 델프트 탄호프 지구(Tanthof) ··· 23
   2. 영국의 홈 존(Home Zone) ·· 25
      2.1 그리니치 뎁포드 그린 지구(Deptford Green) ······················ 26
      2.2 킹스턴 카벤디시 도로(Cavendish Road) ····························· 28
   3. 일본의 커뮤니티 도로와 커뮤니티 존 ··································· 30
      3.1 커뮤니티 도로(Community Road) ······································ 30
      3.2 커뮤니티 존(Community Zone) ·· 31
      3.3 오사카 나가이케초 커뮤니티 도로 ····································· 32
      3.4 오사카 호우신 지구 커뮤니티 존 ······································ 33
   4. 독일의 교통정온화사업 ·· 34
      4.1 슈바르츠발트 푸르트방겐 지역(Furtwangen) ······················ 35
      4.2 봄트 지역(Bohmte) ·· 35
      4.3 로만티크 가도 주변지역 ·· 36
   5. 미국의 교통정온화사업 ·· 38
      5.1 샌프란시스코의 교통정온화 ··· 38
      5.2 포틀랜드의 교통정온화 ·· 41
      5.3 시애틀의 교통정온화 ·· 43

CHAPTER 3 한국의 교통정온화사업 　　49

   1. 지구교통개선사업 ·· 51
   2. 보행우선구역사업 ·· 58
   3. 생활도로 존 30 시범사업 ·· 59
      3.1 노원구 생활도로 존 30 시범사업 ······································ 59
      3.2 마포구 보행우선구역 시범사업 ·· 62
      3.3 은평뉴타운 도시계획 시범지역 ·· 64
      3.4 서초구 내곡동 공공주택지구 ··· 66

  3.5 마포구 보행자 우선도로 시범사업 ·· 68
 4. 어린이보호구역 시범사업 ··· 70
  4.1 초등학교 주변 보행로 시범사업 ·· 70
  4.2 이수초교 주변 보행로 시범사업 ·· 83
 5. 노인보행사고 다발지점 개선사업 ·· 98
  5.1 개선사업의 기본방향 ··· 98
  5.2 지점별 개선계획 ··· 99
 6. 보행환경 개선사업의 효과 ·· 102

CHAPTER 4 교통정온화기법 107

 1. 용어의 정의 ·· 109
 2. 교통정온화기법의 분류 ·· 112
 3. 물리적 정온화기법 ··· 116
 4. 제도적 정온화기법 ··· 138
 5. 교통정온화기법의 조합 ·· 144
  5.1 정비유형에 따른 기법의 조합 ·· 144
  5.2 가로구간 ·· 145
  5.3 존 경계부 및 교차로 구간 ·· 147
 6. 교통정온화 사업구역의 설계원칙 ··· 149

CHAPTER 5 한국형 교통정온화의 정립방안 153

 1. 도로 위계에 부합하는 기법의 차별적 적용 ·· 155
  1.1 도로의 기능과 규모를 고려한 범위 설정 ······································ 155
  1.2 도로의 위계에 부합하는 기법의 적용 ·· 156
 2. 운전자의 주행특성을 고려한 시설기준 ·· 158
  2.1 적용사례와 효과분석을 통한 적용성 확보 ···································· 158
  2.2 주행속도 저감을 위한 연속형 과속방지턱 ···································· 160
 3. 주변여건에 따른 교통정온화 설계기법 ··· 162
  3.1 도로 폭원에 따른 적용방안 ·· 162
  3.2 보행자와 자동차 교차지점 적용방안 ··· 165
  3.3 통과교통 억제를 위한 적용방안 ·· 166
  3.4 주행속도 20km/h를 위한 적용방안 ·· 167
 4. 아파트 단지 유형별 교통정온화 설계기법 ··· 169
  4.1 지상 주차장 설치 아파트 단지 ·· 169
  4.2 지상 주차장과 지하 주차장 혼합 아파트 단지 ······························ 172
  4.3 지하 주차장 설치 아파트 단지 ·· 176

CHAPTER 6 한국형 교통정온화사업의 대상범위와 적용방안 181

 1. 한국형 교통정온화의 방향 ·· 183

  2. 한국형 교통정온화사업의 대상범위 ·· 185
  3. 한국형 교통정온화기법의 적용방안 ·· 186
   3.1 정온화기법의 기본방향 ·· 186
   3.2 정온화기법의 적용방안 ·· 189

CHAPTER 7   빌리지 존 사업   191

  1. '빌리지 존'과 교통정온화의 연계방안 ·· 193
  2. 지역공동체 보전을 위한 안전개선대책 ······································ 194
  3. '빌리지 존' 시설의 설치 ··· 195
  4. '빌리지 존' 설치방법의 개선방안 ·· 197
   4.1 '빌리지 존'의 개선방안 ·· 198
   4.2 도로환경의 개선방안 ·· 198

CHAPTER 8   인간 중심의 도로   201

  1. 도로의 배리어 프리 ·· 203
   1.1 Barrier Free의 의미 ··· 203
   1.2 Barrier(장벽, 장애)의 종류 ·· 205
   1.3 교통의 Barrier Free ·· 208
   1.4 Barrier Free Design ··· 209
  2. 유니버설 디자인 ··· 215
   2.1 유니버설 디자인의 배경 ·· 215
   2.2 유니버설 디자인의 원칙 ·· 217
   2.3 가로환경과 유니버설 디자인 ·· 222
   2.4 자동차의 유니버설 디자인 ··· 235
   2.5 인간중심 공간의 창조 ··· 236
   2.6 공공 디자인이 스며든 공간 ·· 241
   2.7 가로환경의 미래 ·· 243
  3. 유-에코로드 (U-Eco Road) ·· 248
   3.1 도시화와 인식의 변화 ··· 250
   3.2 도시화와 생태문제 ··· 252
   3.3 U-Eco Road의 조성 ··· 253
   3.4 U-City에서 Eco Road ·· 254
   3.5 에코로드 기술의 비전 ··· 256

CHAPTER 9   교통정온화사업에서 주민참여방안   259

  1. 주민참여 형태에 따른 사업시행 방법 ·· 261
  2. 사업시행을 위한 조직구성 ·· 263
  3. 사업시행 단계별 주민참여 방안 ··· 264
   3.1 사업의 발의 및 사업지 선정 ·· 264

  3.2 기본계획 ·· 265
  3.3 상세설계, 시공 및 효과평가 ··· 267

APPENDIX 교통정온화사업의 시행을 위한 지표   269

1. 지표의 적용방안 ··· 271
 1.1 교통정온화사업의 시행방안 ·· 271
 1.2 지표의 특성 ·· 272
2. 사업지구 선정지표 ··· 273
 2.1 전문가 발의형 사업지 선정지표 ··· 273
 2.2 주민 발의형 사업지 선정지표 ·· 274
3. 교통정온화기법의 효과평가 지표 ··· 275
 3.1 기법의 효과평가 지표 도출 [설계 실무자 대상] ··············· 275
 3.2 기법의 효과평가 지표 도출 [사업 담당자 및 전문가 대상] ······· 277
 3.3 기법의 효과평가 지표 도출 [지역주민 대상] ···················· 278
4. 교통정온화사업의 효과평가 지표 ·· 279

참고문헌   280

1
CHAPTER

교통정온화의 개념과 필요성

1. 교통정온화의 개념

교통정온화(traffic calming)의 어원은 독일어의 'verkehrsberuigung'에서 나온 것으로 '교통'을 의미하는 'verkehr'와 '조용히 지킨다, 규제한다, 조용히 하다' 등의 뜻이 담긴 'beruhigung'의 합성어로 즉, '차량을 배제하지 않되 교통을 규제하여 조용히 지킨다'라는 의미를 지니고 있다.

이처럼, 1974년 독일에서 지구도로에 적용하는 속도조절 기법의 하나로 소개된 이후 다양한 용어로 번역되었으며, 1990년 톨리(Tolley)가 지구도로에서 교통의 제한을 위한 기법으로 사용한 'Traffic Calming'이란 단어가 널리 사용되고 있다.

교통정온화의 어원은 독일에서 유래가 되었지만, 실질적인 교통정온화기법의 유래는 1970년대 네덜란드 본엘프(Woonerf)에서부터 시작되었으며, 본엘프는 'Living yard'란 의미로 1960~70년대에 네덜란드의 델프트(Delft)시에서 주거환경개선을 위한 주거지 도로를 개조한 것에서 유래되었고, 당시 델프트의 주민들은 주택가를 주행하는 과속차량에 위협을 느껴 주택가의 도로를 굴곡을 주거나 식재를 함으로써 차로폭을 축소하거나 요철화하여 차량의 주행속도를 낮추는 방법을 생각하게 되었다.

따라서, 교통정온화의 개념을 종합하면 처음 네덜란드 델프트시에서 주민들의 필요 때문에 시행한 주거환경개선사업의 당위성과 일치하고 있음을 알 수 있으며, 간선도로에서 주택가 또는 주거지 생활도로와 같은 이면도로로 통과교통 진입을 배제하고, 통행규제 및 차량의 속도를 억제함으로써 보행자, 자전거 이용자, 어린이, 노약자 등 교통약자들의 생활공간 확보와 사람과 차량의 공존을 꾀하고, 나머지 공간을 이용하여 도로·교통환경을 개선하는 것이라 볼 수 있다.

2. 교통정온화의 정의

자동차 중심의 교통수단 발전은 인간을 보다 편리하고 쾌적하게 해주었지만, 그 대가로 생활지구 내 보행자의 생명과 인간의 행복을 위협하게 되었다. 이러한 도시의 주민들이 교통사고 걱정으로부터 해방되고, 소음과 배기가스 등으로 괴로워하는 일이 없는 쾌적한 생활을 보전하기 위해 보행자 중심으로 편리하고 쾌적하면서 안전한 생활환경과 교통환경의 조성을 위한 노력이 교통정온화(Traffic Calming)로 이어졌다.

우리나라에서 교통정온화란 주거지역 생활도로를 이용하는 사람들에게 안전하고 쾌적하며 편안한 공간을 제공하기 위하여 물리적인 시설을 설치하고 통행규제 등 제도적 기법을 적용하여 차량흐름, 주차시설 등의 통제와 조절을 통한 보행환경, 생활환경, 가로환경 등을 개선하는 것으로 교통정온화는 '통과교통을 억제하고 통행속도를 낮추기 위해 도로·교통 측면의 물리적, 제도적 기법을 적용하여 보행자의 안전과 쾌적한 생활환경, 편안한 가로환경을 확보하는 것'으로 정의된다.

- 자동차 위주의 도로
- 생활환경을 저해하는 도로
- 디자인이 결여된 삭막한 도로

- 사람이 우선하는 **안전한** 보행환경
- **쾌적한** 생활환경
- 디자인이 반영된 **편안한** 가로환경

인간중심·친환경·경관디자인이 반영된 보차공존도로

이러한 교통정온화는 도입된 국가별로 목적과 특징이 있으므로 사업의 정의와 적용사례를 비교하면 다음과 같다.

[표 1.1] 교통정온화의 국가별 정의

국가	정의	적용사례
네덜란드	• 주택가 생활도로에서 차량 속도 억제로 보행자의 안전과 주거환경 개선을 통해 사람과 차량의 공존을 꾀하는 것	Woonerf
영국	• 주택가 자동차 이용제한과 가로환경 개선을 통해 거주민과 보행자, 어린이 등을 위한 생활공간으로 전환	Home Zone
미국	• 통과교통 진입을 억제하고, 보행자와 자전거 이용자가 안전하고 쾌적하게 통행할 수 있는 도로 교통 환경 형성	Neighborhood Residential Streets
일본	• 자동차의 역효과를 감소시키고, 운전자의 통행행태를 변화시키며, 보행자와 자전거 이용자들의 통행환경을 개선하기 위한 여러 가지 물리적, 제도적 대책	커뮤니티 도로 커뮤니티 존
한국	• 주거지역 생활도로를 이용하는 사람들에게 안전하고 쾌적한 생활공간을 제공하기 위한 물리적 시설의 설치 • 통행규제를 통한 차량흐름 조절과 주차시설의 통제·조절을 통한 생활공간의 확보, 확보된 공간의 경관개선 등을 포함하는 일련의 생활환경 개선	자치구교통개선사업 보행우선구역사업

교통정온화가 적용되어야 하는 생활도로는 「도로법」 등 관련 법률에 정의되어 있지 않지만, 도시지역 가로의 주간선도로 기능이나 구역을 구획하는 도로가 아닌 주거지역 내 위치한 대부분 도로를 생활도로로 볼 수 있으며, 기능별로 구분하고 있는 도로 중 도시지역 국지도로 대부분이 생활도로 성격을 갖고 있다.

[표 1.2] 도시지역 국지도로와 소로의 구분

도로구분	내용	관련 규칙
국지도로	• 도시지역에서 가장 기능이 낮은 도로이며 동시에 접근성이 가장 좋은 도로. 가구(街區)를 구획하는 도로로 「도로법」 제18조의 구도(區道)중 집산도로에 해당되지 않는 나머지 도로와 생활도로 등이 대부분 해당	도로의 구조·시설기준에 관한 규칙, 해설
	• 지구(도로에 둘러싸인 일단의 지역)를 구획하는 도로	도시계획시설 결정·구조 및 시설기준에 관한 규칙
소로	• 1류 : 폭 10m 이상 12m 미만의 도로 • 2류 : 폭 8m 이상 10m 미만의 도로 • 3류 : 폭 8m 미만의 도로	도시계획시설 결정·구조 및 시설기준에 관한 규칙

현행 법적 규정에 따른 주거지역 생활도로와 가장 근접한 기능을 수행하고 있는 도로는 "도로의 구조·시설기준에 관한 규칙, 해설"상의 도시지역 도로 중 국지도로와 "도시계획시설 결정·구조 및 시설기준에 관한 규칙"에 근거한 소로(규모별), 국지도로(기능별)이므로 '국지도로'는 '소로'에 해당하는 것으로 적용하여 생활도로의 개념을 다음과 같이 정의할 수 있다.

[표 1.3] 생활도로의 개념

개념	정 의
기능적 측면	접근성이 가장 높은 도로, 통학·통근·놀이 등 일상생활과 직결되는 도로
운영적 측면	비신호 도로, 버스 통행이 없는 도로(마을버스 제외)
공간적 측면	소로 1류에 해당하는 폭 12m 미만의 국지도로에 둘러싸인 도로로서 지구의 구획 내 위치한 도로, 대중교통시설(버스정류장, 지하철역)로 도보 접근이 가능한 도로(반지름 500m 이내)

3. 교통정온화의 필요성

급격한 모토라이제이션(motorization)에 따른 자동차의 증가는 도시 간선도로의 정체가 점차 가중되면서 차량이 주거지역 내 생활도로로 무질서하게 진입하고 있으며, 이러한 현상은 생활환경에 피해를 가져와 주거지역 생활도로에서 자동차의 활동을 억제하고 도로와 교통환경을 개선하기 위한 다양한 기법과 방안이 검토되고 있다.

선진국의 경우, 1970년대 네덜란드 델프트에서 시작된 '본엘프(woonerf)'가 1980년대 유럽과 미국, 일본 등으로 전파되어 통과교통의 억제, 차량의 주행속도 저감 등 효과를 가져오는 기법을 통해 보행자와 차량간 충돌에 의한 교통사고 위험요소를 줄이고 주거지역의 교통환경을 개선하고자 지역주민이 함께 참여하는 사업을 시행하여 교통사고, 통과교통, 차량속도 등의 감소효과가 두드러지고 있다.

[그림 1.1] 네덜란드 본엘프 지구

그러나 우리나라에서는 교통여건과 교통정온화에 대한 운전자와 주민들의 성숙하지 못한 의식 수준으로 이해와 수용이 쉽지 않고, 국내여건과 다른 외국의 기법과 사례를 그대로 반영하는 문제점이 있어 차량의 주행속도를 줄이고 통과교통을 억제하여 보행자의 안전을 확보하고 쾌적한 생활환경과 편안한 가로환경을 조성하여 인간중심의 교통문화를 정착시키는데 이바지하는 한국형 교통정온화기법 체계에 대한 필요성이 제기되고 있다.

일반적으로 교통정온화기법은 보행이 활발한 주거지역과 상업지역의 위계가 낮은 도로에서 보행자의 안전을 보장하고 보차공존도로 개념을 확보하기 위하여 차량의 교통량, 속도를 제어하기 위해 적용되는데, 국가통계를 보면 우리나라 전체 도로 연장 중 전체 도로의 50% 이상이 위계가 낮은 도로 폭 12m 미만의 도로이고, 도로교통공단 교통사고 통계에 따르면 전체 교통사고 중 76%가 특별광역시도, 시도 등 도시지역 도로에서 발생하는 것으로 나타나고 있어서 보행자, 자전거 이용자와 차량이 공존하는 위계가 낮은 도시지역 도로에서 교통사고에 따른 교통안전의 확보가 필요한 시점이다.

[표 1.4] 국내 도로의 규모별 연장 (2021년 기준)

도로 유형	연장(km)	비율(%)
계	109,056	100
광로(40m 이상)	3,532	3.2
대로(25~49m 미만)	16,970	15.6
중로(12~25m 미만)	33,913	31.1
소로(12m 미만)	54,640	50.1

주) 국가통계포털(www.kosis.kr)

[표 1.5] 국내 도로종류별 보행사상자 발생 건수 (2021년 기준)

도로종류	사망자(인)	비율(%)	부상자(인)	비율(%)
합계	1.018	100	36,001	100
일반국도	158	15.0	1,962	5.4
지방도	92	9.0	1,910	5.3
특별광역시도	303	30.0	15,775	44.0
시도	334	33.0	11,543	32.0
군도	61	6.0	1,225	3.3
고속국도	18	2.0	86	0.2
기타	52	5.0	3,500	9.8

주) 도로교통공단 교통사고 통계(TASS)

2
CHAPTER

외국의 교통정온화사업

1. 네덜란드의 본엘프(Woonerf)

'본엘프'는 1970년대 유럽에서 '보차분리'와 반대되는 새로운 실험의 하나로 네덜란드 델프트 시내에서 주민들이 통과교통의 주거지역 침입을 막기 위한 자위 수단으로 철주나 화분, 돌 등을 도로변에 놔두면서 시작되어 자동차 통행을 최소화하고 보행자와 놀이, 커뮤니케이션, 경관을 중시하는 공간으로 정비하는 것으로 1976년, 네덜란드 「도로교통법(RVV)」에 포함되고 법제화되어 설계기준 등이 제정되었다.

본엘프의 지정은 시행주체에 따라 행정주도형과 주민주도형으로 추진되며, 행정주도형은 도시계획국이나 공공사업국이 주민 의사를 타진하여 지정하지만, 주민주도형은 주민이나 시의회 요청으로 지정하며 지정된 지역은 법적인 설계기준에 따라 시 당국 또는 전문가에 의해 구체적인 설계안이 작성되고, 도시교통협회에 의해 수립되며 재정지원은 도시계획사업의 하나로 국고보조금 제도를 적용하고 있다.

이러한 본엘프 설계의 기본개념은 자동차가 고속으로 주행할 수 없도록 주행로를 지그재그 형태로 하고, 도로에 험프 등 물리적 장애물을 설치하며 주차공간을 특정 장소에 명시하여 한정하고, 보차도 구분을 없게 하면서 포장면의 질감에 변화를 주어 주민들이 도로 공간의 노면 전체를 사용할 수 있도록 하는 것이 특징이다.

본엘프는 네덜란드 도로교통법(RVV)에 근거하여 법적 지위를 보장받고 있으며, 본엘프 구역에서 운전자는 사람의 보행속도보다 빨리 운전해서는 안 되고 운전자는 보행자를 방해해서도 안 되며 이륜차 이상의 차량은 주차구역 외의 구역에 주차해서는 안되는 것으로 규정하고 있다.

이러한 본엘프 구역은 사람과 차량 상호 간에 양보하는 것이 의무화되어 있지만, 차량은 보행자의 통행을 방해하여서는 안 된다는 전제가 깔려 있어 차량보다는 보행자를 우선하는 정책임을 알 수 있다.

영국의 홈 존(home zone), 유럽의 최고속도 규제 템포 30(tempo 30), 존 30(zone 30), 일본의 커뮤니티 도로, 커뮤니티 존 등이 본엘프의 영향을 받은 정책들이다.

1.1 델프트 베스타르크 바르티아 지구(Westerk Wartier)

델프트시의 베스타르크 바르티아 지구는 저소득자층 주택지구로 1900년경에 이미 시가지화가 되어 도로 폭원이 약 8m로 협소하며 통과교통이 많고 차량이 고속으로 통행하여 교통안전 측면에서 문제점이 발생하자 지역주민들이 교통사고를 줄이는 방법을 강력히 요구함으로써 시초가 되어 보차도 콘크리트 경계석을 설치하여 불법주차를 억제하고, 30~50m 간격의 엇갈림 주차구역 설정, 가로수 식재, 교차로 구간에 험프 등을 적용하였다.

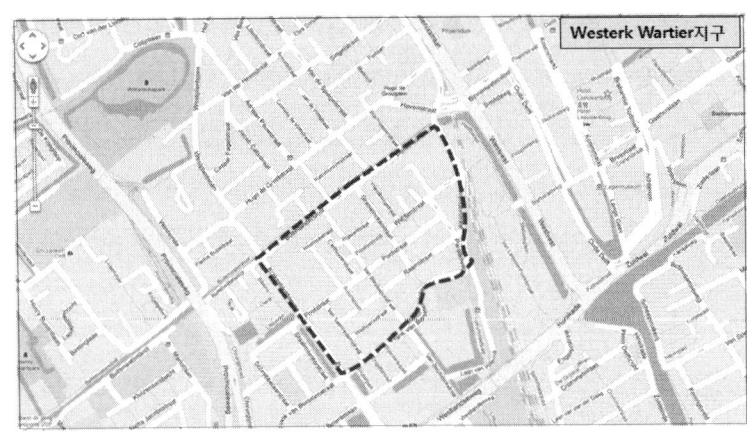

본 지구는 주거밀집지역으로써 진입체계는 '50km/h 구간 → 존 30구간 → 본엘프 지구'의 체계로 하여 단계별로 계획하였으며, 구간별로 적용한 주요 기법은 다음과 같다.

- **50km/h 구간**
  - 보행섬식 횡단보도 설치, 차량 주행속도를 고려하여 험프 미적용
  - 교차로 및 횡단보도 전후 구간 지그재그 차선 미적용
  - 차로 중앙 안전지대 확보(연석 및 차선도색 등)
- **존 30구간**
  - 블록포장으로 중앙선 없이 양방향 2차로 통행이 가능하고, 보도 확보
  - 진출입 구간 과속방지턱 설치, 주차공간 확보
- **본엘프 지구**
  - 집 앞 Pot(화분) 등 설치로 지그재그 형태 도로 운영
  - 지그재그형 주차구역 설정 및 양방향 운영
  - 과속방지턱, 고원식 교차로 적용
  - 구간 내 적색 블록포장으로 통행 차량의 속도 감속을 유도

70~50km/h 구간→존 30구간 교차로

존 30구간, 일방통행

존 30구간, 양방통행 및 주차구역

본엘프 지구 입구

과속방지턱 및 주차구역

주차금지를 위한 집 앞 Pot(화분)

[그림 2.1] 베스타르크 바르티아 지구

1.2 델프트 탄호프 지구(Tanthof)

탄호프 지구는 델프트시 교외의 현대식 주거지구로 전형적인 '50km/h → 존 30구간 → 본엘프 지구' 체계를 보여주고 있으며, 진출입을 막다른 길(cul-de-sac)로 일원화하였으며, 화단을 조성하여 자연스러운 속도저감을 유도하고 보차도 공존 형식으로 주차공간을 확보하였다.

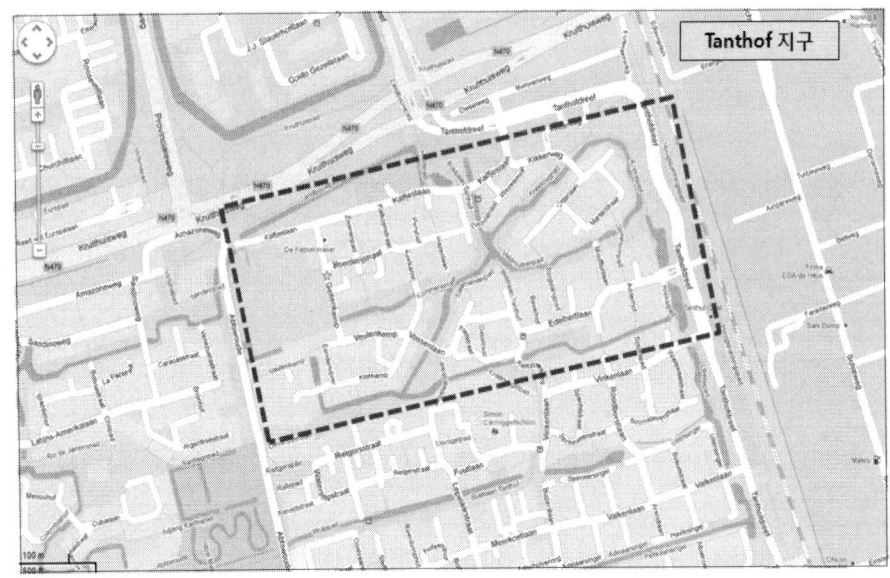

본 지구는 주거밀집지역으로써 진입체계는 '50km/h 구간→ 존 30구간→ 본엘프 지구'로 단계별로 계획하였으며, 구간별로 적용한 수요기법은 다음과 같다.

- 50km/h 구간
  - 보행섬식 횡단보도 설치 및 차량 주행속도를 고려하여 험프 미적용
  - 교차로 및 횡단보도 전후 구간 지그재그 차선 미적용
  - 차로 중앙 안전지대 확보(연석 및 차선도색 등)
- 존 30구간
  - 블록포장으로 중앙선 없는 양방향 2차로 통행이 가능하며 보도 확보
  - 진출입 구간 과속방지턱 설치 및 주차공간 확보
  - 지그재그형 주차구역 설정으로 시케인 기법 적용
- 본엘프 지구
  - 지그재그형 화단 설치 및 주차구역 설정으로 시케인 기법 적용
  - 지그재그형 주차구역 설정
  - 구간별 과속방지턱 및 고원식 교차로 적용
  - 구간 내 적색 블록포장으로 통행차량의 속도 감속을 유도

70~50km/h 구간의 교차로 구간　　　　50km/h 구간과 존 30의 분리 운영

화단을 설치한 시케인 기법　　　　과속방지턱 및 고원식 교차로

본엘프 지구 해제 및 존 30 설정　　　　시케인 기법을 적용한 주차구역

[그림 2.2] 탄호프 지구

2. 영국의 홈 존(Home Zone)

　영국에서는 네덜란드 '본엘프'의 영향을 받아 1998년부터 '홈 존'이라는 제도를 도입하였으며, 본엘프가 단순히 자동차 이용에 제한을 주는 것에 비해 홈 존은 가로환경의 질적인 개선을 포함한 도로기능 자체의 변화가 목적으로써 생활도로 공간을 주민, 보행자, 자전거 이용자, 어린이를 위한 생활공간으로 전환하여 거리를 단지 차량 소통을 위한 것이 아닌 사람들을 위한 장소로 조성하여 거주자의 '삶의 질' 향상을 목적으로 하였다.

이러한 홈 존은 1999년부터 3년 동안 9개 지역에서 시범사업 실시 후, 2001년 2월부터 'Transport Act 2000'으로 법률체계 속에서 시행되다가 2001년 10월부터 홈 존 지정 및 규제 권한이 지방정부로 이양되었으며, 대상지 선정은 첨두시 교통량이 시간당 100대 미만인 도로로 총연장이 600m 이하의 도로(막다른 골목은 400m)에 대해 지정할 것을 권장하고 있다.

홈 존 사업은 물리적 기법과 선형 변화로 주행 차량의 속도 저감을 유도하고 통행량을 저감하여 잠재적인 사고위험을 감소시켜 주민들의 활동공간과 어린이 놀이터 확보 등 도로공간의 효율적 이용과 도로의 안전성 향상으로 주민들의 사회활동과 친교활동 증가, 매력적인 도로경관 창출 등을 목표로 하고 있다.

[그림 2.3] 홈 존 지구

2.1 그리니치 뎁포드 그린 지구(Deptford Green)

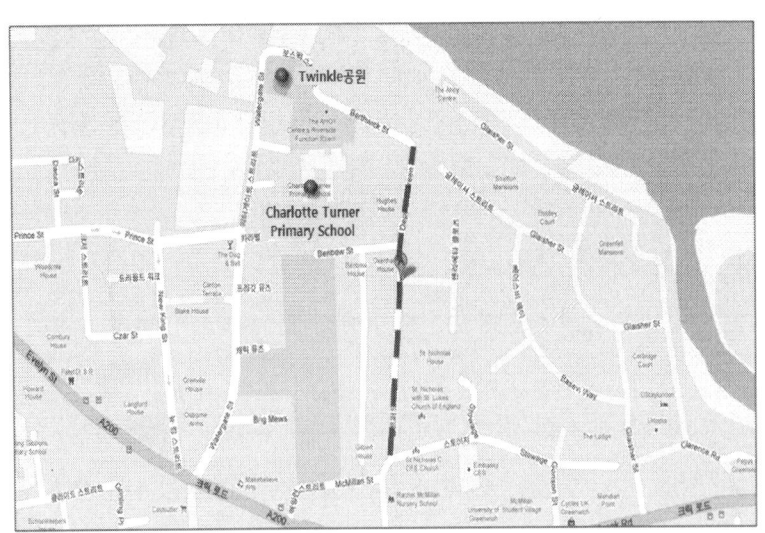

그리니치 뎁포드 그린 지구는 주택가가 밀집되어 있고 출퇴근 시간에 통과 차량이 몰려들며 정체와 거주자들이 교통안전사고에 노출되어 있어 홈존 사업을 통해 도시재생 관점에서 통행 차량의 저감과 안전에 대한 인식 개선, 자동차로부터 거리 찾기, 지역환경에 대한 관심 증대, 도시 생활의 매력 등을 증진하고자 하였다.

본 지구는 주거 및 학교지역으로써 진입체계는 '존 30(mph) 구간 → 존 20(mph) 구간 → 홈 존 진입'의 체계로 계획하였으며, 구간별로 적용한 주요 기법은 다음과 같다.

- **존 30(mph) 구간 적용기법**
  - 양방향 4차로 운영 및 양측 보도 확보, 신호교차로 운영
  - 스쿨 존 및 교차로 구간 4차로 → 2차로 차로 수 축소 운영
  - 교차로 구간 지그재그 차선 설치 및 보행섬식 횡단보도 적용
- **존 20(mph) 구간 적용기법**
  - 양방향 2차로 운영, 양측 주차공간 및 보도 확보
  - 포트 및 주차구역 배치에 따른 차로 폭 좁힘, 시케인 기법 적용
  - 존 30구간 ↔ 존 20 진출입 시, 존 20구간 내 과속방지턱 설치
- **홈 존 적용기법**
  - 홈 존 진입구간에 차로 폭 좁힘 기법을 적용하여 지구 전체에 속도 저감을 유도
  - 보차도 분리(단차) 및 볼라드 설치로 보행 안전성 확보
  - 포트 및 주차구역 배치에 따른 시케인 기법 적용으로 속도저감 유도
  - 진출입구간 및 교차로 구간에 노면요철포장을 적용
  - 진출입 일원화를 위한 볼라드 설치 및 막다른 길(cul-de-sac) 적용

존 20 → 홈존지구, 고원식 교차로

홈존 Gateway, 화단으로 차로폭 좁힘

지그재그형 화단설치, 속도저감 유도　　　막다른 길, cul-de-sac

존 30↔존 20구간 시인성 향상 표지　　　존 20구간 차로폭 좁힘으로 속도저감

[그림 2.4] 뎁포드 그린 지구

2.2 킹스턴 카벤디시 도로(Cavendish Road)

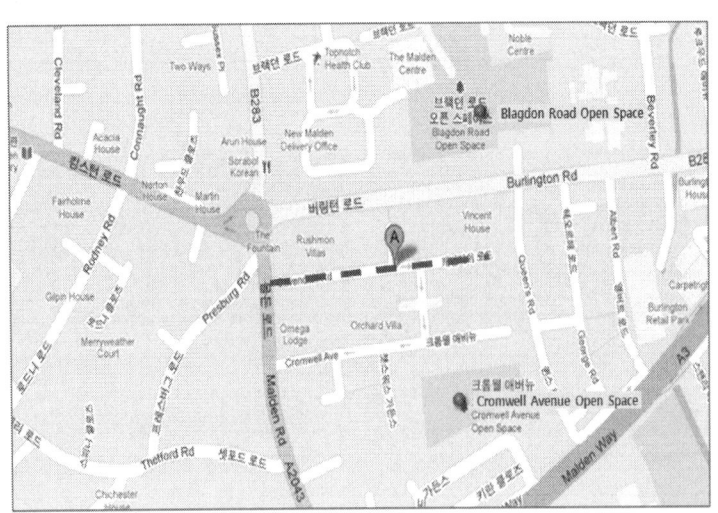

카벤디시 지구는 주택 대부분이 집 앞에 정원을 확보하여 이 가운데 약 50%를 주차장으로 사용하고 있으며, 주변에 철도역, 레저센터, 쇼핑센터 등이 위치하여 생활환경과 편의시설을 개선하는 관점에서 주거생활 편의를 위한 공간 조성, 차량 속도 줄이기, 안전한 보행과 자전거 통행, 주거 편의시설 제공과 품질향상 등을 목적으로 하였다.

본 지구는 주변에 상가가 밀집한 주거지역으로 진입체계는 '존 30(mph) 구간 → 존 20(mph) 구간 → 홈존 진입'의 체계로 계획하였으며, 구간별로 적용한 주요기법은 다음과 같다.

- **하이스트리트(존 20구간) 적용기법**
  - 양방향 2차로 운영 및 보도구간 축소로 구간별 양측 주차구역 확보
  - 보차도 분리(단차) 및 볼라드 설치로 보행 안전성 확보
  - 고원식 교차로 및 고원식 횡단보도 설치
  - 교차로 및 횡단보도 전후 지그재그 차선 설치
  - 보행섬식 횡단보도 및 중앙 안전지대 구간 석재포장 적용
  - 하이스트리트(존20) → 회전교차로 → 몰든 로드(존30) → 카벤디쉬 로드(홈존, 존20)
- **카벤디쉬로드(존 20구간) 적용기법**
  - 구간 진입 시 차로 폭 좁힘 등 버퍼존 설치로 지구 전체 속도저감 유도
  - 지그재그 형태 주차공간 배치로 시케인 효과 유도
  - 구간 내 차선구분(중앙선) 없이 양방통행 운영으로 속도저감 유도
  - 진출·입 일원화를 위한 볼라드 설치, 막다른 길(cul-de-sac) 적용

하이스트리트(존20) 지그재그 차선

회전교차로

보도 폭 축소로 주차공간 확보

포트 조성으로 차로 폭 좁힘   존 30(몰든로드)→존 20(카벤디쉬 로드)   카벤디쉬 로드(존 20) 진입부

[그림 2.5] 카벤디시 도로

3. 일본의 커뮤니티 도로와 커뮤니티 존
3.1 커뮤니티 도로(Community Road)

본엘프 개념이 1970년대 후반 일본에 소개되면서 신도시 등에서 도입되었고, 기존 시가지에 보도를 설치하거나 교통규제 등 교통안전대책을 보완하는 기법으로 주목하여 1980년대 오사카시는 교통안전대책으로 일본에 적용이 가능한 보차공존도로 형태에 대해 검토하여 1982년 8월 아베노구 나가이케초의 기존 주택가에 일본 최초의 "커뮤니티 도로"로 도입된 후, 1983년 「특정 교통안전 등 정비사업」의 지원대상사업으로 결정되어 전국적으로 확대, 시행되었다.

커뮤니티 도로는 추진방법에 있어서 주거환경 정비사업, 연도환경 정비사업, Simbol Road 정비사업, 상가정비 특별사업 등 일본의 가로환경 정비사업과 연계하여 조성되었으며, 예산지원과 각종 교통시설에 예외적인 도입은 특별법 성격을 지닌 「교통안전시설 등 정비사업에 관한 긴급조치법」에 의해 가능하게 하였다.

사업내용은 기존법에 따라 보도와 차도는 분리하되 차로폭은 3m로 줄이고 나머지는 보도로 조성하였으며, 차량 속도를 제한하기 위해 도로 선형을 지그재그 형태로 굴절시키고 보도에 차가 올라오지 못하도록 콘크리트 볼라드를 설치하며, 도로 굴곡부에 가로수를 심어 차량 속도를 억제하는 등 전반적으로 가로경관을 개선하면서 도로의 커뮤니티를 향상시켰다.

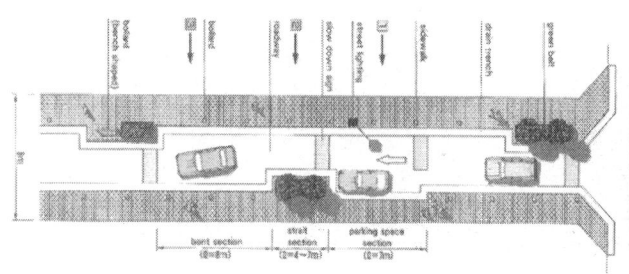 

[그림 2.6] 오사카 나가이케초 커뮤니티 도로

3.2 커뮤니티 존(Community Zone)

도로안전 및 가로환경 개선사업인 커뮤니티 도로의 적용범위 한계로 인해 지구 단위의 종합적인 교통관리 필요성이 주목받았으며, 이러한 변화에 대응하고자 보행자의 통행이 우선되어야 하는 주거지 등을 대상으로 하는 교통안전대책인 '커뮤니티 존 조성사업'이 1996년에 도입되었다. 커뮤니티 존은 일본의 보행우선구역사업으로 존 내부를 통과하는 교통량을 최대한 억제하고, 보행자의 안전성을 높인 구역을 확보하는 사업이다.

커뮤니티 존 사업은 계획단계부터 경찰이 함께 참여하여 경시청, 국토교통성 도로국, 도시국이 상호 협조체계를 구축하여 추진하는 사업으로 계획과정에 지역주민 의견과 지구특성을 반영하기 위한 지역협의체를 구성하여 추진하는데, 일본의 '커뮤니티 존'은 '제6차·7차 교통기본계획'의 중점과제로 「교통안전시설 등 정비사업에 관한 긴급조치법」에 의한 정부보조금 지원으로 각 지자체 관련부서와 경시청이 사업주체가 되어 추진하고 있다.

사업내용은 커뮤니티 도로가 선(線)적인 개념의 교통정온화사업인 것에 비해 커뮤니티 존은 지구 차원으로 면(面)적인 범위를 설정하여 교통규제를 시행하고, 물리적 기법과 교통규제를 적절하게 조합한 대책, 주민과 관계기관을 포함한 종합적인 계획에 의해 수행되는 대책, 도로 이용자와 거주자에 대한 종합적인 관점을 배려한 대책 등이 포함된다.

[그림 2.7] 커뮤니티 존

3.3 오사카 나가이케초 커뮤니티 도로

오사카시 아베노구 나가이케초의 주택지이며, 주변으로는 커뮤니티 도로 동쪽에 나가이케 공원, 서쪽에는 중층주택과 사무실, 상점 등이 위치하는 지역에 일본 최초의 '커뮤니티 도로'를 국철 미나미타나베역, 나가이케초등학교, 지하철 니시타나베역을 연결하는 도로상에 조성하였다. 조성시기는 1차(1982년, 연장 200m, 도로폭 10m)와 2차(1988년, 연장 100m, 도로폭 10m)로 나누어 조성하였다.

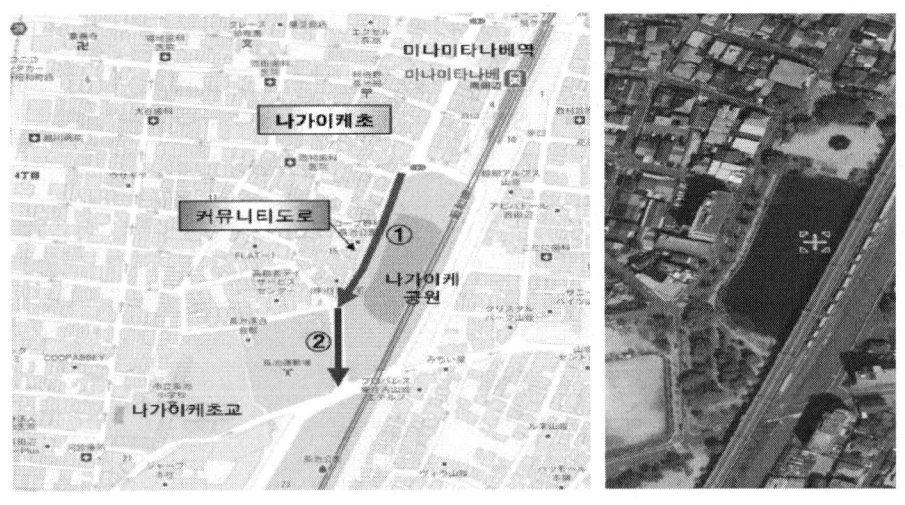

정비방법은 보차도 분리로 10m 폭원 중 차도폭 3m를 제외한 나머지는 보도로 전환하고, 보도가 없는 양방통행 도로를 북→남 일방통행으로 규제하였으며, 시케인, 초커 등 수평방향 굴곡의 정온화기법을 적용하고, 볼라드 설치로 보도상으로 주차 차량 진입을 억제하였으며 보도상에는 벤치겸용 화단을 설치하였고 가로수와 조명을 설치하여 가로경관을 향상시켰다.

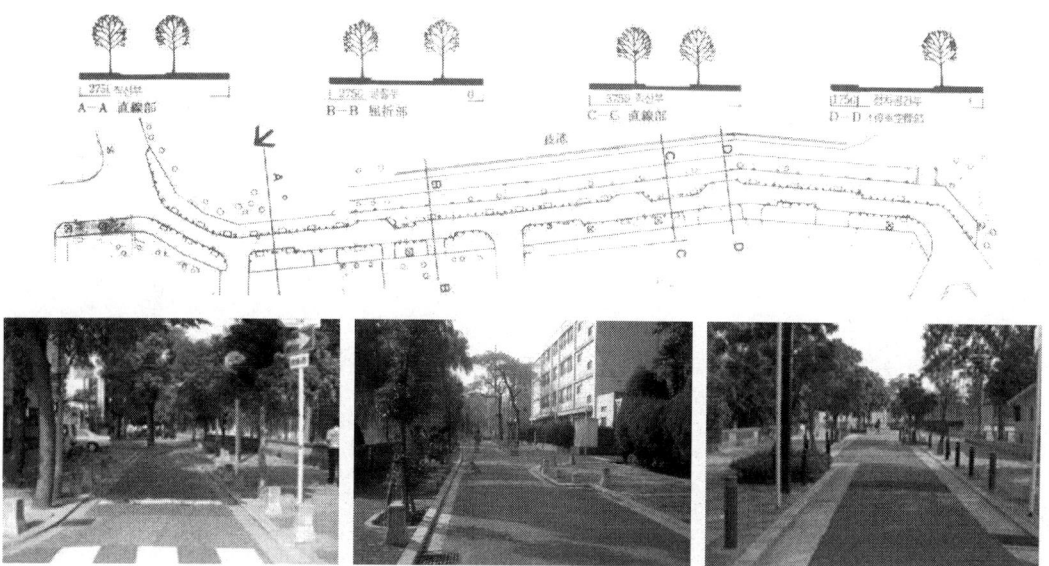

[그림 2.8] 오사카 나가이케초 커뮤니티 도로

3.4 오사카 호우신 지구 커뮤니티 존

오사카시 히가시요도가와구 호우신 지구는 1996년부터 커뮤니티 존 조성사업으로 면적인 정비를 시행한 시범지구이다. 지구 북쪽으로는 한큐교토선이 지나고 있으며 다른 세 방향으로 일반국도 479호선, 지방도 타카츄스키선 및 4차로 간선도로가 구획되어 있다.

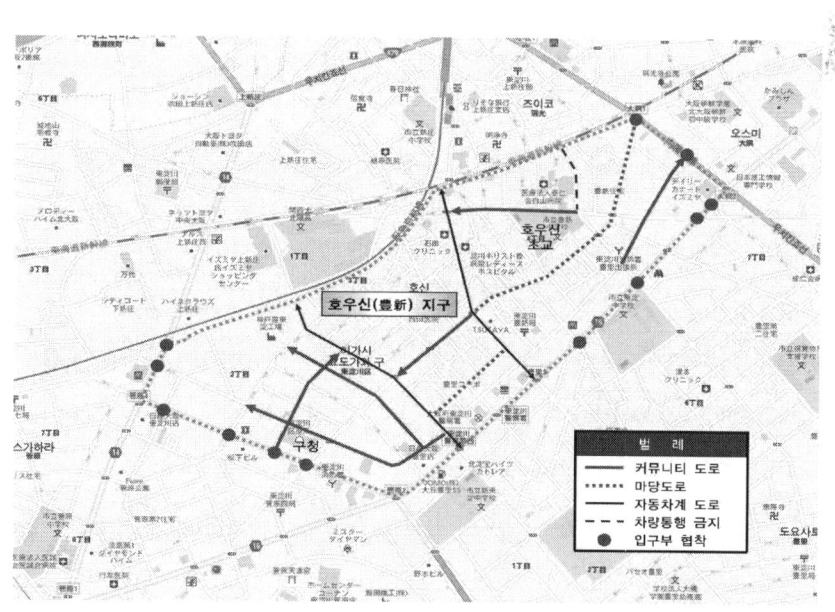

정비방법은 최고속도 30km/h 규제, 주차금지 존 규제, 일방통행을 적용한 통과교통 처리, 지구 내 커뮤니티 도로 정비, 보차공존도로 조성, 컬러포장 등을 반영한 편안한 가로를 조성하여 교통안전과 생활환경을 향상했다.

[그림 2.9] 오사카 호우신 지구 커뮤니티 존

4. 독일의 교통정온화사업

독일의 주택지구에서 교통정온화사업의 목적은 도로구조의 개량, 교통규제 등에 의해 지구 내 교통환경의 개선과 함께 생활환경의 향상을 도모하는 것이다. 이러한 사업을 통해 지구 내에서 발생하는 교통사고와 자동차 공해에 대처하는 것뿐만 아니라 교통환경 개선을 통해 더 나은 생활환경 창조를 중시하고 있는 점이 특징이며, 이러한 목적을 달성하기 위해 주택지구 내 통과교통량을 최소한으로 억제하고 차량의 주행속도를 떨어뜨리도록 하고 있다. 또한, 도로구조를 개량하는 과정에서 더 많은 오픈스페이스를 지구 내에 확보하여 도로녹화로 생활환경을 개선하고 있다.

4.1 슈바르츠발트 푸르트방겐 지역(Furtwangen)

검은 숲으로 불리는 슈바르츠발트(Schwarzwald) 지역은 삼림욕의 발상지로 알려져 있으며 슈바르츠발트의 중심도시 푸르트방겐에는 보차공존구간과 「Zone 30」이 철저하게 반영되어 시내 중심의 상가와 주거지역에는 네덜란드의 본엘프에 대응하는 보차공존구간(mischflachen)을 설정하고 나머지 구간에는 「Zone 30」을 설정하여 시가지 구간에서 철저한 교통정온화를 적용하고 있는 것이 특징이다.

[그림 2.10] 푸르트방겐의 보차공존구간과 Zone 30구간

4.2 봄트 지역(Bohmte)

독일 북부지방 하노버 서쪽에 있는 인구 15,000여 명의 소도시 봄트는 외곽에 국도 51호선, 65호선이 통과하고 있는 도시지역으로 시가지 내를 통과하는 도로에 대해 교통정온화시설을 반영하여 교통사고 발생을 줄이고 있는 사례지역이다.

도시 내 주택가 가로망에 Traffic Calming 기법을 적극적으로 활용한 보차공존구간을 확보하였으며, Bohmte시 북쪽 3지 교차로에 Euro Project인 차량, 자전거, 보행자가 공존하는 Shared Space 기법을 적용하여 회전교차로를 계획하여 운영한 결과, 이후로 봄트 시가지 구간에서 트럭 등 화물차에 의한 교통사고가 발생하지 않고 도로안전이 확보된 효과를 나타내어 대표적인 성공사례로 평가되고 있다.

[그림 2.11] 3지 회전교차로의 Shared Space와 주택가 가로망

4.3 로만티크 가도 주변지역

로만티크 가도가 시작되는 도시인 뷔르츠부르크는 기원전 10세기쯤에 켈트인이 살았다는 고도로서 마인강(main)의 알테마인교(Alte Main brüke)와 주변 경관이 뛰어난 곳으로 이름이 높은 지역으로 뷔르츠부르크 시내에는 보차공존구간, 「Zone 30」을 설정하여 철저하게 교통정온화 상태를 유지하여 인간 중심의 가로를 실천하고 있음을 실감할 수 있는 지역이다.

[그림 2.12] 뷔르츠부르크 시내 가로

독일 중앙부에 있는 고도(古都)인 풀다(Fulda)는 9세기 건축된 도시의 상징인 대성당, 오랑제리 궁전, 풀다성 등이 화려한 모습을 뽐내고 있는 종교적으로 많은 성인을 배출하고 있는 유서 깊은 지역으로 도시 내에는 철저한 교통정온화를 적용하여 일부구간에는 「Zone 10」이 지정되어 있으며, 버스 환승정류장을 설치하여 원활한 차량 소통을 도모하고 있는 것이 특징이다.

[그림 2.13] 풀다 지역 「Zone 10」과 버스환승정류장

'피리 부는 사나이'의 전설로 유명한 하멜른(Hameln)은 '베저 르네상스' 양식의 다양한 문양과 문자로 장식된 목제 대들보와 바람벽 밖으로 내민 창문이 있는 14~17세기 아름다운 집들이 구시가지에 보존되고 있으며, 구시가지 구간은 철저한 교통정온화기법을 적용하여 보차공존구간을 조성하였고 시케인, Fort, 초커, 라운드어바웃, 석재포장 등 교통정온화 관련 기법이 주변 도시경관과 조화롭게 적용되어 있어 어디에서나 편안한 보차공존의 공간을 체험하며 편안하고 쾌적한 보행을 경험할 수 있다.

[그림 2.14] 하멜른 구시가지 보차공존구간

[그림 2.15] 하이델베르크 시내 가로

5. 미국의 교통정온화사업
5.1 샌프란시스코의 교통정온화

    샌프란시스코는 전체 교통 중, 60% 이상의 높은 자동차 이용률과 각각 20% 미만의 대중교통, 보행자, 10% 미만의 자전거 이용률을 나타내고 있으며, 2030년까지 자동차 이용률을 30% 수준으로 낮춰 대중교통과 비슷한 이용률을 목표로 하고, 10% 미만에 머무르고 있는 자전거 이용률은 20% 수준으로 끌어올려 시민들이 친환경적이고 대중적이며 안전한 교통수단을 이용하도록 하는 것을 목표로 하고 있다. 이러한 목표를 달성하기 위해 속도 저감, 통과교통량 감소, 운전자의 운전문화 의식 향상을 통해 교통정온화를 실현하는 것을 목표로 하고 있다.

교통정온화사업의 시행 시, 「계획→설계→시공」까지 5년 이상의 기간이 소요되던 것이 문제점으로 도출되어 1년 안에 「계획→설계→시공」을 완료할 수 있도록 개선하였으며, 사업 시행 시에는 교통정온화기법을 적용하기 이전의 교통량, 차로수, 도로선형, 시거, 경사도, 도로기능, 버스·응급차량의 경로, 자전거도로 등을 고려하여 적용하고 있다.

또한, 샌프란시스코에서는 1999년부터 시작한 도로다이어트를 통해 통행속도 저감을 위한 차로폭 축소, 좌회전 공용차선, 자전거도로 등을 적극적으로 활용하고 있으며, 특이한 교통정온화기법으로는 제한속도 13mph를 기준으로 신호를 연동화하여 여러 교차로를 통과하는 차량이 자연스럽게 저속운행을 하도록 유도하는 방법을 적용하고, 회전교차로(roundabout)보다는 토지이용이나 비용면에서 유리한 트래픽 서클(traffic circle)을 선호하고 있다.

(1) 옥타비아 가로(Octavia Boulevard)

Central Freeway에서 샌프란시스코 시내로 접속하는 Octavia Boulevard는 2007년 시행한 Market and Octavia Better Neighborhood Plan의 한 구간으로 Octavia Boulevard는 측도를 설치하여 주차공간, 우회전 차량, 자전거도로로 활용하고 있으며 과속방지턱(bump)을 설치하고 제한속도를 15mph로 지정하는 등 교통정온화를 꾀하고 있으며, 본선과 측도 사이의 완충지대와 중앙분리대에 풍부한 교목을 식재하여 친환경적인 도로를 구현하고 있다.

[그림 2.16] Octavia Boulevard

(2) 미션지구 가로경관계획(Mission District Streetscape Plan)

샌프란시스코 교통국(SFMTA)은 주거지와 상가가 혼재한 Mission District 지역에 도로경관, 도로다이어트, 교통정온화를 계획하여 일부 도로에 시행하였으며, 15th Street는 South Van Ness Avenue에서 Mission Street까지 두 블록에 걸쳐 도로다이어트를 실시하였다.

도로의 가장자리는 주차공간을 확보하고, 차선도색을 통하여 시각적으로 차로폭이 좁아 보이도록 하여 차량의 감속을 유도하였으며, 교차로에서 보도확장(bulb out)을 통해 가각부에서 차량의 감속, 보행자의 횡단거리를 최소화하는 등 다양한 교통정온화를 시행하였다.

[그림 2.17] 15th Street- Road Diet

Bryant Street의 23rd Street와 Cesar Chavez Street 사이 구간과 15th Street와 19th Street 사이의 Valencia Street는 기존 왕복 4차로에서 왕복 2차로로 도로다이어트를 실시하였고, 도로의 가장자리는 자동차와 오토바이의 주차공간, 자전거 보관소, 자전거도로를 설치하였으며 보도를 확장하여 테이블과 의자 등 보행자를 위한 시설물을 설치하여 보행자들이 편히 활동할 수 있는 가로공간을 조성하였다.

[그림 2.18] Bryant Street - Road Diet

5.2 포틀랜드의 교통정온화

(1) 북부 Ida 가로 (North Ida Ave)

North Ida 지역은 포틀랜드 북부의 주거지역으로 1987년 주민들의 요구에 따라 교통정온화사업을 시행하여 1995년에 준공되었다. North Ida 지역의 통과도로는 차도, 자전거도로, 보도, 주차장을 구분하여 정비되어 있으며 시케인(chicane), 과속방지턱(bump), 보도 확장(bulb out) 등 교통정온화기법을 적용하여 보행자의 안전을 도모하고 있다.

주거지역 내부 도로는 정비되어 있지 않으나 지역 전체에 도로변으로 생태저류공간(eco storage)을 설치하여 비점오염원을 처리하는 방식으로 친환경성을 확보하고 있으며, 주거지역 내 도로와 교차하는 도로의 진입부는 곡선선형으로 구성하여 교차로 진입 시, 차량이 저속으로 접근하도록 하고 완충공간에 녹지를 설치하여 친환경성을 높였다.

[그림 2.19] North Ida Avenue - Traffic Calming

(2) Neighborhood Greenways Project

Neighborhood Greenways Project는 포틀랜드 교통국(PBOT, Portland Bureau of Transportation)에서 포틀랜드 주거지역 도로를 통행하는 차량에 대해 속도를 줄이고 통행량을 억제하고, 자전거 이용자와 보행자를 우선순위로 하여 안전성을 확보하기 위해 시작한 프로젝트이다.

사업대상 구간 내 제한속도는 20mph로 설정하고 과속방지턱(bump), 엇갈림 교차로, 교차로 통행차단(직진 차단, 대각선 차단), 트래픽 서클, 차로폭 좁힘 등 다양한 기법을 적용하고 있으며 도로변에 생태저류공간을 설치하거나 아름답고 풍부한 식재를 통하여 친환경 도로를 구현하였다.

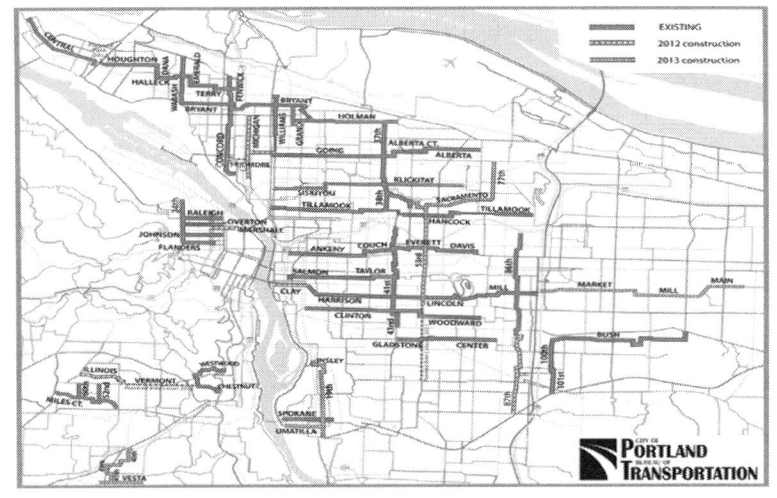

[그림 2.20] Neighborhood Greenways - Traffic Calming

5.3 시애틀의 교통정온화

(1) 하이포인트 지역

서부 시애틀에 있는 하이포인트 지역의 재개발은 시애틀의 공공시설에 도시환경에 있어서 대규모 자연배수 시스템을 구현할 독특한 기회를 제공하였으며, 고밀도 도시환경에서 사용된 최초 사례이다.

시애틀 주택 당국과 파트너십으로 설계되었으며 시애틀의 우선순위 사업 중 하나로써 롱펠로로 유입되는 유역의 약 10%를 처리하는 하이포인트의 자연배수 시스템은 우수의 자연스러운 저류와 여과를 위한 습지, 우수의 월류를 방지하기 위한 경관 연못이나 소류지 등을 설치하는 다양한 방법으로 자연을 모방하고 있으며, 트래픽 서클(traffic circle) 설치를 통한 교통정온화를 시행하였다.

[그림 2.21] High Point Natural Drainage System - LID/Traffic Calming

(2) 스티븐스 지역과 SEA Street, 벨뷰 지역

1971년, Stevens 지역에 교통정온화 시범사업을 시행하면서 설치된 교차로 차단의 불편함을 해소하기 위하여 주민의 요구에 따라 임시로 편방향 교차로 차단과 트래픽 서클(traffic circle)을 설치한 것이 트래픽 서클의 기원이 되었다.

1973년, 영구적인 트래픽 서클이 설치되었으며, 그 효과로 내부 교통량이 56% 감소하였고 평균 12건의 교통사고 건수는 시범사업 시행 2년이 지난 후, 0건으로 감소하는 효과를 나타내었는데 Stevens 지역은 트래픽 서클과 교차로 차단 위주의 교통정온화기법이 적용된 대표적인 사례이다.

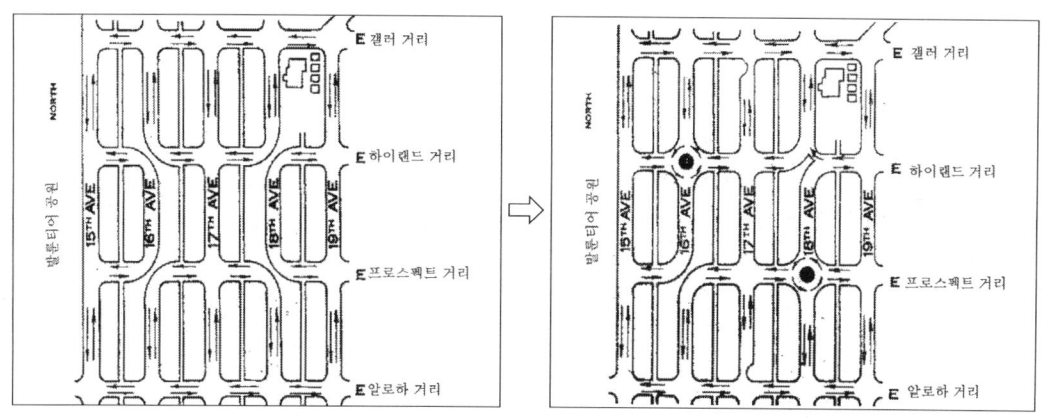

[그림 2.22] Stevens 지역 트래픽 서클 설치 계획, 1971년

[그림 2.23] Stevens 지역 - Traffic Calming

북서부 시애틀에 있는 SEA Street(Street Edge Alternatives)에 적용한 'Natural Drainage Systems'(NDS) 프로젝트는 시애틀에서 처음으로 NDS 프로젝트인 프로토타입 프로젝트로 독특한 배수 및 가로 설계의 모범 사례를 보여주고 있다.

SEA Street에 적용한 프로젝트는 시케인 기법을 적용한 교통정온화와 LID 기법의 조화가 이루어진 사업으로 이러한 복합적인 사업을 통해 배수처리, 비점오염원 처리에 의한 수질관리, 녹지확보, 이동 안전성 확보, 커뮤니티 증진, 교육환경 개선 등 다양한 분야에서 '삶의 질' 향상에 이바지하는 성과를 이루어 생활환경 향상에 이바지하였다.

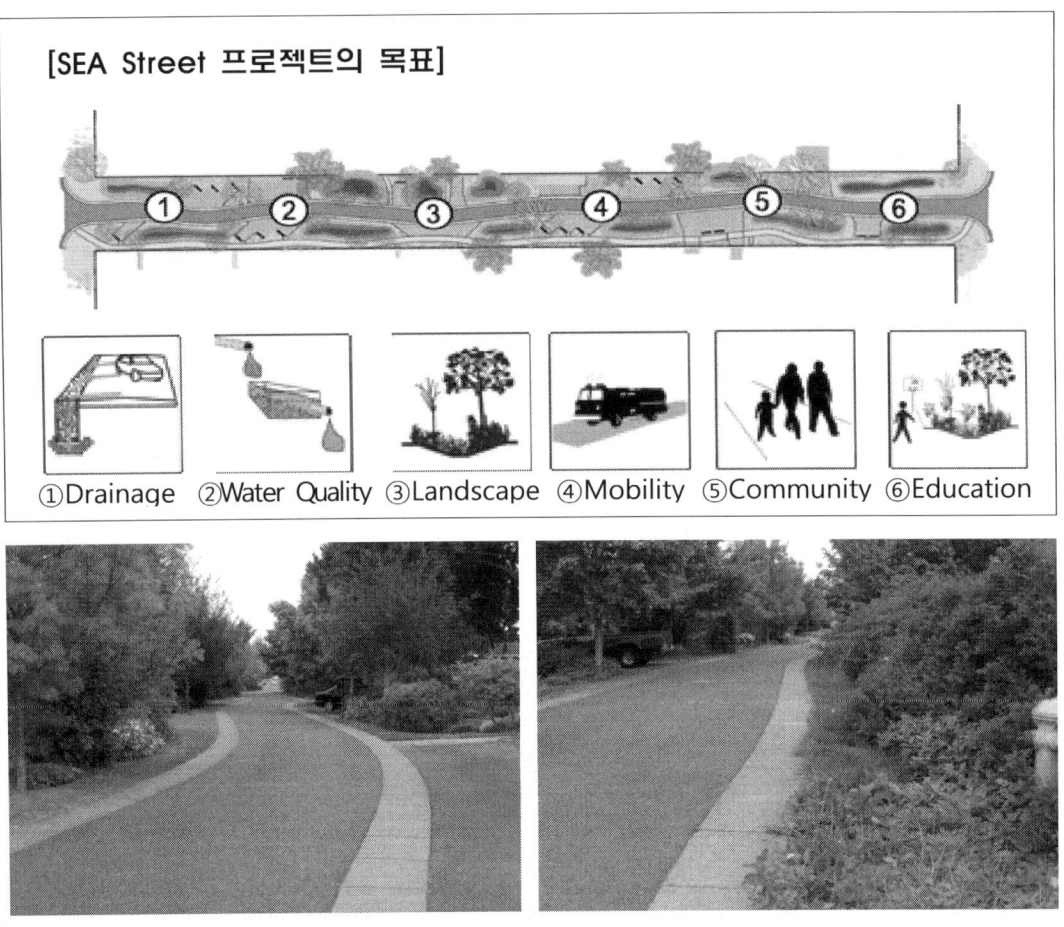

[그림 2.24] SEA Street - Traffic Calming / LID

시애틀 외곽에 조성된 Bellevue의 주거지역은 차로폭 좁힘, 과속방지턱, 트래픽 서클, 고원식 교차로, 막다른 길(cul-de-sac) 등 다양한 교통정온화기법과 침투식 수로 등 물순환 LID 기법을 적용하여 친환경성과 경관성, 안전성 등을 복합적으로 향상시켜 주거환경의 지속가능성을 확보한 모범적인 사례를 보여주는 대표적인 지역이다.

[그림 2.25] Bellevue Area - Traffic Calming / LID

3
CHAPTER

한국의 교통정온화사업

우리나라에서는 교통정온화사업과 유사한 지구교통개선사업, Green Parking 사업, 어린이보호구역 개선사업, 보행환경개선사업과 같은 「자치구 교통개선사업」(서울시 등), 「보행우선구역 시범사업」(국토교통부), 「생활도로 존 30 시범사업」(지자체, 경찰청) 등을 위주로 사업을 시행하였으며, 이러한 사업에서 문제점 및 개선사항, 시사점 등을 도출하여 우리나라에서 적용이 가능한 교통정온화기법의 적용방안을 정립할 필요가 있다.

1990년대 중반부터 서울시 강남지역을 중심으로 생활도로(이면도로)에 '지구교통개선사업'으로 시행된 교통정온화사업은 초기에 주민들과 공감대 확산 부족으로 과속방지턱, 주차구획선, 일방통행, 보도정비, 교통표지판 설치 등으로 국한되는 한계성을 가졌다. 이후 '교통정온화기법에 관한 연구'(국토교통과학기술진흥원, 2014)가 수행되어 연계과제로 '교통정온화시설 설치 및 관리지침'(국토교통부, 2019)이 제정되었으며 2020년, '도로의 구조·시설 기준에 관한 규칙'에 교통정온화시설의 설치근거(제38조 제3항)가 마련되었다.

최근, 뒤이어서 '사람중심도로 설계지침'(국토교통부, 2021)이 제정되어 자동차의 저속통행을 유도하며 보행자, 고령자 등 도로 이용자의 안전을 향상하고 편리한 도로를 조성하기 위한 설계기준을 제시하였고 특히, 특화편에서는 도시지역 도로, 보행자를 위한 도로, 고령자를 고려한 도로 등 생활도로에서 사람중심의 요소를 강화하고 있다.

1. 지구교통개선사업

지구교통개선사업(STM: Site Transportation Management)은 1993년, 서울시정개발연구원(서울연구원)에서 발표한 "자치구 5개년 교통개선계획 도입방안 연구" 결과를 토대로 자치구가 시행주체가 되어 서울특별시 각 자치구에서 도입하기 시작하였다.

교통정온화 관련 사업 중 자치구 교통개선 사업으로는 「자치구 5개년 교통개선계획」, 「지구교통개선사업」, 「어린이보호구역개선사업」, 「Green Parking사업」, 「보행환경개선사업」 등이 있으며, 「지구교통개선사업」은 자동차 소통개선 및 보행환경개선을 목적으로 국내 최초로 교통정온화 개념이 반영된 것으로써 그 의미가 있으며, 1994년 서울시 강남구 학동지구에서 시작된 후 각 자치구로 확대된 사업으로 1999년까지 총 114개 지구를 대상으로 사업이 시행되었으며, 이후로도 지속되고 있다.

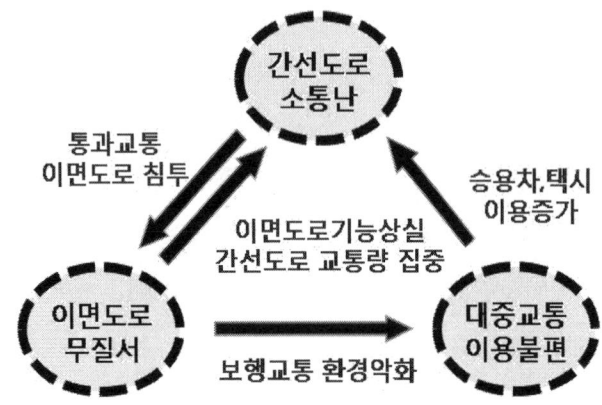

[그림 3.1] 간선도로와 이면도로 교통의 악순환 고리

1990년대 중반에 추진되었던 청담초등학교 지구와 학동지구의 교통개선사업은 적용기법에 있어서 과속방지턱 위주의 단편적인 기법이 적용되었으며 사업대상 지역의 높은 지가와 지역주민들의 교통개선사업에 대한 인식 부족, 과도한 통행량 등 도심지역의 특수성으로 인해 다양한 기법의 적용에 한계가 있었다.

또한, 교통정온화기법에 대한 법적 근거 부족, 예산 부족 등으로 당초 계획과 다르게 교통안전시설 개선, 주차구획선 정리 수준에 그쳤으며 일방통행 도입, 주차장 정비, 과속방지턱 설치 등 자동차의 주차 및 통행을 원활히 하는 사업으로 변질하여 주택가 생활도로의 교통사고 위험성이 증가하는 등 본래의 사업목적과 달리 문제점으로 지적되었다.

강남구 청담초교 지구

강남구 학동지구

[그림 3.2] 지구교통개선사업

(1) 어린이보호구역 개선사업

교통안전에 취약한 어린이의 안전한 통학을 위해 기존 시설물을 정비, 보완하고 선진국의 교통정온화기법을 우리나라 실정에 맞게 도입하여 적용하는 것을 목적으로 하는 사업으로 1995년 1월 행정자치부, 건설교통부, 교육부 등 관계 부처 공동부령으로 '어린이보호구역 지정 및 관리에 관한 규칙', '교통안전시설과 도로부속시설 설치에 관한 규정' 등을 제정하고 2003년부터 경찰청은 단계적으로 어린이보호구역에 대한 실질적 안전대책을 마련하여 어린이보호구역 내 안전시설을 획기적으로 개선하기 위한 목적으로 관련 편람을 제정하였다.

교통사고 현황 분석을 통한 사업의 시행 효과를 보면, 시설 개선 후에도 어린이보호구역 내 보행 중 사고가 증가하고 있어 어린이보호구역 개선사업 시행 후에도 여전히 어린이 보행권 확보가 미흡한 상태이며, 특히 집주변 100m 이내에서 발생하는 취학 전 아동사고와 학교 주변 500~1,000m 범위에서 발생하는 취학 후 아동사고 등을 고려하여 대상구역을 공원, 놀이시설, 학원 통학로까지 확대 적용할 필요성이 제기되었다.

[그림 3.3] 어린이 보호구역

(2) Green Parking 사업

2004년부터 시행하여 2010년까지 총 주택 20,563동, 주차면 39,530면 확보한 사업으로 생활도로가 총연장 105,205m 조성되었으며, 담장 허물기 사업 등을 통해 도로 내 주차공간을 보행 및 녹지공간으로 활용하여 주거지역 도로의 주차문제와 보행환경, 생활환경 등을 개선하였지만, 사업시행 지역이

단독주택지역으로 한정되어 다세대 주택 밀집지역에서 적용하기 어려운 현실적인 한계성이 제기되었다.

[그림 3.4] 그린 파킹 사업

(3) 보행환경개선사업

서울특별시는 1997년, '서울시 보행권 및 보행환경 개선을 위한 기본조례'를 제정하고 5년마다 보행환경기본계획(1차: 1998년, 2차: 2004년)을 수립하여 60여 개 지자체가 조례로 운영하는 「보행환경개선에 관한 조례」의 근거법을 마련하였다.

서울시의 경우 "걷고 싶은 거리 조성사업", "역사문화 탐방로 조성사업" 등 특정 지역의 보행환경개선사업에 치중한 경향으로 지구 내 보행환경 개선을 위해 제시된 "우리 동네 보행환경개선사업", "지역별 보행로 연결사업" 등은 제안에 그치고 활성화되지 못한 측면이 지적되었다.

사업 시행의 효과를 보면, 보행환경개선사업 시행에 따른 만족도 평가는 지자체 교통전문직들을 대상으로 한 평가에서 높게 나타나고 있지만, 특정지역에 국한된 보행환경개선사업으로 전시성과 상징성 측면에 치중한 사업 시행으로 생활도로 내 보행환경개선사업은 추진이 상대적으로 미진한 것으로 평가되었다.

[그림 3.5] 보행친화도시 서울 비전(2013.1)

(4) 보행환경개선사업 사례 : 덕수궁 길, 인사동 길.

'덕수궁 길'은 1997년, 기존의 도로를 보행자 중심으로 재정비하고, 보행자를 위해 보차공존도로와 녹도의 개념을 복합적으로 도입한 우리나라에서 처음 적용한 사례로 푸르름이 있는 쾌적한 보행자 위주의 녹화거리 조성, 보행자의 안전성을 높이고 가로환경을 개선하기 위한 보차공존도로 개념 도입, 주변의 역사문화 시설과 연계한 가로경관의 창출, 조경 및 가로시설물의 확충으로 가로환경 개선, 보행자 휴식공간 확보, 노약자와 장애인이 어려움 없이 이용할 수 있는 거리 조성 등을 목적으로 하여 보차공존도로를 추구하였다.

사업을 준공한 후, 가로환경 조건이 개선되었지만, 대형 관광버스 등 지속적인 차량의 통행으로 보차분리 시설물의 설치, 소음 민원에 따른 사괴석 포장의 아스팔트 포장으로 변경 등 보차분리도로의 개념이 더 강하게 되었지만, 2014년 가을부터 평일 11:00~13:00, 주말에는 차량 통행을 금지하여 보행전용거리를 시행하고 요일별로 도시락 거리 등 이벤트를 실시하여 보행자와 지역주민들이 편하게 이용하는 공간으로 탈바꿈하고 있다.

[그림 3.6] 보행자와 차량이 공존하는 덕수궁 길

'인사동 길'은 사대문 내의 '역사문화 탐방로' 조성사업으로 종로에서 안국동 사거리에 이르는 폭 10~25m, 총연장 670m의 사업은 공공공간의 모든 요소와 포장, 쉼터, 수경, 식재, 가로시설물, 사인물, 조명 등을 정비하여 보행자 중심의 가로를 조성하는 것을 목적으로 하였다.

그러한 목적을 달성하기 위해 지상 지장물의 지하화, 보차도 노면의 단차 해소, 전통적 요소와 한국적 색채를 반영한 가로경관 조성, 화단과 경계석 등을 보행자 편의시설 및 휴식시설과 연계하여 설치하였지만, 보차도 경계를 위한 볼라드와 조형물 등을 과도하게 설치하여 심리적 부담감이 가중되었으며, 차도가 넓어져 오히려 차량의 과속 및 불법주정차가 만연하는 문제점이 노출되어 사업 시행 이후, 개선을 반영하였다.

인사동 길은 보행자 우선도로로 조성되어 탐방객들과 외국인 관광객들이 즐겨 찾는 거리로 활성화되는 과정에서 보행자들이 통행차량, 조업차량과 부딪히는 일이 자주 발생함에 따라 최근, 보행자 통행량이 많은 주요 구간에 대해서는 '보행전용거리'로 지정하여 인사동 길을 찾는 사람들이 편하게 이용할 수 있도록 배려하고 있는 것은 앞으로 도시의 가로가 나아가야 할 방향을 제시하고 있다.

[그림 3.7] 역사문화 탐방로 인사동 길

2. 보행우선구역사업

국토해양부(국토교통부)는 2007년, 교통사고의 위험이 많거나 보행여건이 열악한 주거지역 또는 상업지역 주변 도로 등을 정비하여 장애인, 고령자, 어린이 등 교통약자의 보행환경을 개선하고 대중교통 접근로를 확보하기 위하여 「교통약자의 이동편의 증진법」에 근거하여 보행우선구역사업을 시행하였다.

이 사업은 교통사고로부터 안전한 생활환경 조성하고자 기존 선(線, Route) 차원의 보행우선도로를 면(面, Area) 차원으로 확대하여 네트워크화한 것으로 사람들이 안전하고 쾌적하게 어디든 걸어갈 수 있는 생활환경을 창출하기 위한 기본목표를 설정하였다.

사업대상 구역의 선정은 간선도로 또는 보조간선도로에 의하여 둘러싸인 지역 중 1km² 이하의 면적으로 제한하고 용도지역상 주거지역 또는 상업지역, 주택밀집지역 등에 해당하는 지역을 대상으로 하고 있다.

시범사업 후보지는 보행 쾌적성, 대중교통 접근성 향상 등을 위하여 속도저감시설과 보행자 우선통행 교통신호기 등 보행시설물을 정비하여 무장애화(barrier free) 함으로써 보행자의 안전하고 편리한 보행환경을 조성하고자 하였으며, 보행우선구역의 확대로 기존의 차량 중심의 교통정책(Transport For Car)에서 보행 쾌적성, 대중교통 접근성 향상 등 사람 중심의 교통정책(Transport For Human)으로 전환하는 계기가 되었다.

서울시 마포구 도화동   제주도 서귀포시 정방동

[그림 3.8] 보행우선구역사업

3. 생활도로 존 30 시범사업

행정안전부는 2008년도에 국정과제인 '교통사고 예방 및 안전관리 대책'과 '보행자 안전을 최우선으로 하는 시설개선 추진'의 하나로「생활도로 Zone 30」시범사업을 추진하였다.

먼저, 지방경찰청별로 18개 구역을 보행자 보호구역 시범구역으로 지정하여 2005년도 9개소가 공사 완료되어 시범운영을 실시하였으며, 시범지역에 대한 현장조사와 분석결과 최고속도를 30km/h 이하로 규제하는 "Zone 30" 기법이 가장 효율적인 것으로 판단되었다.

'보행자 보호구역'이란「도로교통법 제17조(자동차 등의 속도)」및 동규칙 제19조「도로교통법 제28조의 2항(보행자전용도로의 설치)」, 「지역특화발전특구에 대한 규제특례법 제22조(도로교통법에 관한 특례)」에 근거하여 '보행자의 안전과 편의를 증진할 수 있도록 제반 안전시설을 개선하고 차량의 통행을 제한하거나 감속을 유도하여 최고속도를 30㎞/h로 제한하는 구역'을 의미한다.

경찰청과 지자체에서는 보행자 안전을 최우선으로 하는 시설 개선의 목적으로 2008년, '생활도로 Zone 30 시범운영사업 시행계획'을 수립하여 시행, 운영하고 있다.

    서울시 노원구 하계2동   고양시 일산동구 장항동

[그림 3.9] 생활도로 존 30 시범사업

3.1 노원구 생활도로 존 30 시범사업

노원구 하계2동 일원에 대해 보행자 안전을 최우선으로 하는 교통시설 개선사업을 '생활도로 존 30' 시범사업으로 시행하여 운전자에게 생활도로

구역의 인지성을 높여 교통사고 저감을 유도하고 지역주민들의 생활환경 개선을 도모하고자 하였다.

시범사업에서 고원식 횡단보도, 과속방지턱, 지그재그차선, 생활도로구역 LED조명 표시 등을 반영하여 30km/h 유지를 위한 교통정온화기법을 적용하였지만, 현장조사 결과 압축되지 않은 과다한 규모의 교차로, 교차로부 교통정온화기법 미적용, 교차로 내 버스정류장, 불법주정차 차량, 차로폭 조정 미흡 등 여러 가지 보완점이 파악되어 시범사업 이후에도 지속적인 모니터링과 유지관리가 이행되어야 사업효과가 지속될 수 있다는 사례를 인식하였다.

생활도로 구역 노면표시

생활도로 Zone 30구역 종점부

교차로 내 버스정류장

불법주정차 차량

[그림 3.10] 노원구 생활도로 존 30 시범사업

[표 3.1] 주요 개선내용

현 황	개선방안
• 시·종점부는 생활도로구역 및 생활도로 구역 해제 표지판 설치로 운전자에게 생활도로구역에 대한 인지성 부여 • 과속방지턱 등 수직적 기법 위주의 단편적인 기법 적용 • 일부 구간의 과다한 통과교통량으로 인한 속도저감 효과 미흡 • 과다한 불법주차 및 노점상 등으로 인한 보행권 침범 사례 발생 • 어린이보호구역 및 노인보호구역과 생활도로 구역의 혼재로 시범사업 효과 저감 • 물리적 기법으로 고원식 횡단보도, 과속방지턱, 지그재그 차선 등 설치 • 규제에 의한 기법으로 가로와 교차로부에 생활도로구역 노면표시와 지주식 안내표지판 설치	• 도로의 기능 및 규모에 따른 기법의 선별적 적용 필요 • 설계속도 60km/h에서 30km/h로 급격한 감속을 방지하기 위한 완충구간 설치로 원활한 진출입 유도 • 사업지구 진출입부에 고원식 횡단보도, 과속방지턱 등의 강력한 속도 저감시설 설치로 생활도로 Zone 30 효과 제고 • 다양하고 적극적인 교통정온화기법 적용으로 생활도로 Zone 30구역 기능 강화 필요 • 생활도로 Zone 30구역과 어린이 보호구역 및 노인 보호구역의 차별화로 생활도로 Zone 30구역 내 감속 및 보행자 보호 효과 증진 • 물리적 기법과 규제적 기법 조합을 통한 시너지효과로 보행자 보호 강화 • 과속방지턱과 횡단보도의 분리를 고원식 횡단보도 등 교통정온화기법 적용을 집약해야 할 필요가 있음 • 주차구역 축소 및 포트 설치 등 녹지구간 확보로 통행유발 감소

3.2 마포구 보행우선구역 시범사업

　마포구 도화동 일원은 재개발사업으로 조성된 주거단지이며, '교통약자의 이동편의 증진법'에 근거하여 보행우선구역 시범사업을 시행하여 주민들이 안전하고 쾌적하게 어디든지 접근할 수 있는 생활환경을 창출하기 위해 장소성, 접근성, 연결성, 연속성, 이동 편리성, 안전성, 활동성, 쾌적성 등과 교통약자에 대한 배려를 기본목표로 설정하여 추진한 사업이다.

　시범사업에서는 단지 내 상가 주변의 개선과 보행자 도로가 단절된 구간의 도로체계 개선, 초등학교 주변 보행로 개선을 통한 어린이 안전 확보를 도모하였으며, 급경사 구간에서 미끄럼방지 포장과 일방통행, 통행 차량의 속도 저감을 고려한 고원식 교차로, 과속방지턱, 투수블록 포장 등을 반영하여 주민들의 안전하고 쾌적한 생활환경 창출을 도모하였다.

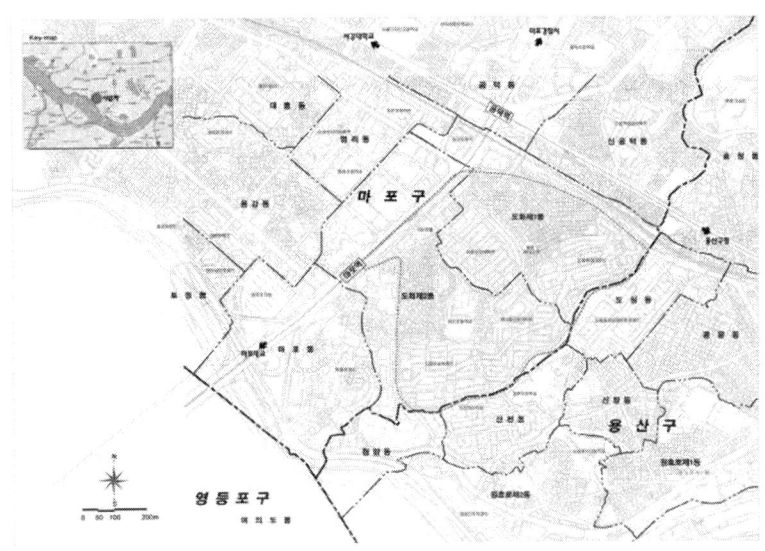

초등학교 주변 통학로: 개선 전

☞ 개선 후

초등학교 주변 통학로: 개선 전

☞ 개선 후

[표 3.2] 주요 개선내용

주변 가로	주요 개선내용
복사길 (B=8~10m)	• 보도 설치 및 도로포장 재질 변경(투수블록) • 차로폭 조정(6.5~9.0m → 5.0m)으로 유효보도폭 확보 • 고원식 교차로 및 횡단보도형 교차로 설치 • 점멸신호등 설치
복사2길 (B=5~6m)	• 전 구간 도로포장 재질 변경(투수블록) • 마포초교 앞 휀스 교체 및 위치 이설(보행공간 1.5m→2.0m) • 급경사 구간 일방통행, 미끄럼방지 포장, 보도 확폭
복사5길 (B=8.5~9.5m)	• 고원식 교차로 및 횡단보도형 교차로 설치
삼개길 (B=7~10m)	• 고원식 교차로 및 횡단보도형 교차로 설치 • 용산성당 앞 버스정류장 보도 확폭 및 도로포장 재질 변경(투수블록)
삼개2길	• 미끄럼방지 포장

3.3 은평뉴타운 도시계획 시범지역

은평뉴타운 지역은 은평구 진관내·외동, 구파발동 일원 북한산 자락의 대표적인 외곽 주거전용지구로서 도시계획 단계에서부터 교통정온화를 계획에 반영하여 교통정온화시설을 체계적으로 반영한 대표적인 지역으로 주거지역과 구파발역 주변의 상업지역이 공존하고 있는 지역이다.

은평뉴타운 지역은 기존의 지역과 달리 신도시 지구계획단계에서부터 교통온화기법을 번영한 지역으로 다양한 속도저감시설, 초소형 회전교차로, 시케인, 이질포장, 도로변 녹지공간 등을 반영하여 보행자와 차량이 공존하며 생활환경 저해요인을 최소화한 교통정온화 모범 사례 시범지역으로 평가받고 있다.

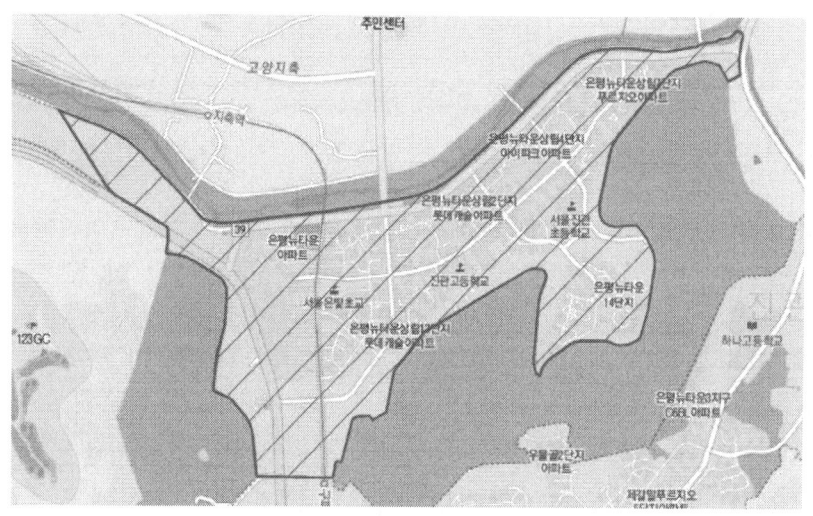

고원식 횡단보도

고원식 교차로

초소형 회전교차로

과속방지턱과 띠녹지

[그림 3.11] 은평뉴타운 시범지역

[표 3.3] 주요 개선내용

현 황	개선방안
• 시케인, 고원식 교차로, 고원식 횡단보도, 과속방지턱, 초소형 회전교차로, 이질포장, 자전거도로 등 보행자 보호를 위한 복합적인 교통정온화 기법 적용 • 보도와 차도의 단차 최소화, 차량진입 억제시설물 설치를 통한 안전확보 • 벤치, 볼라드 등을 활용한 보행자 휴식공간 확보 • 초소형 회전교차로의 중앙섬이 높아 시거 확보가 어려워 안전사고 위험이 있음 • 과다한 통과교통량 및 중차량(시내버스, 군용트럭) 유입으로 인한 보행안전 사고 우려 • 시케인(Slalom형) 적용구간의 시프트(곡률) 폭이 적어 효과 저하 • 시케인기법 적용지역의 일부 구간은 보도폭이 좁아 보행여건이 좋지 않음 • 보도와 식재구간 주변의 관리 소홀로 인한 미관 훼손	• 도로 기능 및 규모에 따른 기법의 선별적 적용 필요 • 은평뉴타운 내부도로의 물리적 기법 적용은 비교적 양호한 편이나, 규제적 기법 강화를 위한 제한속도 노면표시 및 표지판 추가설치 필요 • 초소형 회전교차로 중앙섬 높이를 낮추어 반대편 시거 확보 필요 • 도로 폭원 확보가 어려운 구간의 무리한 수평적 기법(시케인 등) 적용 보다 과속방지턱, 고원식 교차로, 고원식 횡단보도 등 수직적 기법 적용 검토 • 녹지, 보도, 이질포장, 노면표시 등 기존 시설물에 대한 유지보수 강화 • 관련 지자체의 주기적인 모니터링에 의한 체계적인 유지관리 필요 • 도로 관리자, 주민참여조직의 연계 활동으로 교통정온화시설과 생활환경의 지속가능성 확보

3.4 서초구 내곡동 공공주택지구

서초구 청계산 자락에 자리를 잡은 내곡동 공공주택지구는 보금자리 주택사업으로 추진한 공공주택지구이다. 2015년부터 입주가 시작된 지구로 주변이 청계산, 대모산, 구룡산 등으로 둘러싸여 경관과 환경이 뛰어난 곳으로 아파트 단지 내 주도로에 언남초등학교 어린이보호구역이 지정되어 회전교차로, 지그재그 차선, 과속방지턱 등 교통정온화시설이 시범적으로 도입된 대표적인 지구이다.

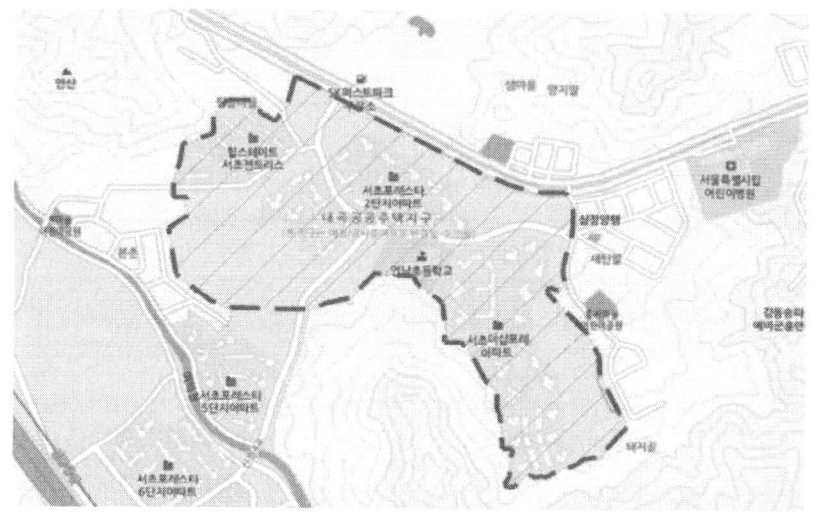

언남초등학교 앞 회전교차로

어린이보호구역 노면표시, 표지판

속도저감을 위한 이질포장

띠녹지로 분리된 보도, 자전거도

[그림 3.12] 서초구 내곡동 공공주택지구

[표 3.4] 주요 개선내용

현 황	개선방안
• 어린이 보호구역 내 횡단보도가 설치되어 있으나 보행자 중심의 고원식 횡단보도가 아님 • 회전교차로의 크기가 크고 중앙섬의 높이가 높아 시거 확보가 어려워 안전사고 위험이 있음 • 일부 구간에 띠녹지 설치로 자전거도로와 보도를 분리하여 보행자의 안전성을 확보하고 있음 • 안전휀스 설치로 차도와 보도의 경계를 명확히 하였으나 안전성 기능에 치중하여 주변환경과 부조화 발생 • 이질포장을 설치하여 속도감소를 유도하고 있음 • 전반적으로 회전교차로 규모가 아파트 단지 내 공간 규모에 비해 과다하고 조화되지 않음	• 도로 기능 및 규모에 따른 기법의 선별적 적용이 필요함 • 학교 앞 고원식 횡단보도 설치로 속도감소 유도가 필요함 • 등하교 시, 횡단보도를 건너는 어린이를 보호하기 위하여 학교 앞 보행동선 조정 필요 • 회전교차로의 중앙섬 높이를 낮추어 반대편 방향의 시거확보가 필요함 • 벤치, 그늘집 등 유니버설 디자인 관점에서 보행자의 휴식공간 확보 • 향후, 아파트 단지 내 공간과 조화되지 않은 과다한 규모의 중앙섬을 생활도로형 회진교차로로 개신 요망 • 초소형 회전교차로 개선으로 주변 보행공간의 확보

3.5 마포구 보행자 우선도로 시범사업

행정안전부는 2022년, 보행자 우선도로 도입에 필요한 '보행안전법'을 개정하여 보행자들의 안전을 위해 차도와 인도가 구분되지 않은 '보행자 우선도로'를 지정할 수 있도록 하였다. 보행자 우선도로는 보행자의 통행우선권을 두어 도로의 전체 부분이 인도 역할을 함으로써 보행자들이 차량을 피하지 않을 수 있고 차량속도를 필요에 따라 20km/h로 제한할 수 있으며, 서울 마포구, 영등포구 등 전국의 6개 기초자치단체에서 시범 운영하고 있다.

서울시 마포구의 경우, 2019년 11월부터 상암동 상가밀집지역 내 250m 구간을 보행자 우선도로로 지정하여 다양한 색상과 디자인을 반영한 스템프 포장을 도입하여 시각적 시인성을 높여 가로구간을 통행하는 차량 운전자들과 보행자들이 달라진 가로환경에서 보행자 우선도로 구역을 인식하도록 하였다. 보행자 우선도로 지정 전에는 차도와 인도가 구분되지 않은 일반적인 아스팔트 포장 구간으로 교통사고 위험이 끊이지 않았던 곳이지만, 사업 시행 이후에는 보행친화적 환경의 조성으로 교통사고 위험이 낮아졌다는 평가를 받고 있다.

　행정안전부에서 6개 기초자치단체와 보행환경 만족도를 조사한 결과, '안전성, 편리성, 쾌적성' 모두 40% 이상 향상된 것으로 나타났으며 최근 10년간 국내 교통사고 사망자는 2011년, 5,229명에서 2020년, 3,081명으로 줄었지만, 전체 교통사고 사망자 가운데 보행자가 차지하는 비율이 40%에 가까워 날로 취약해지는 보행자들의 안전을 위해 도입된 보행자 우선도로의 적극적인 지정으로 교통사고 위험이 낮아질 것으로 기대된다.

　현장조사 결과, 단순한 스템프 컬러포장, 고원식 교차로, 과속방지턱 위주의 사업은 지속적인 유지관리가 이루어지지 않으면 무질서한 노상주차, 도로점유 등으로 보행환경 증진효과가 저하될 수 있으므로 입체적 녹지시설인 포트(fort)와 이질포장 등의 설치로 시각적 분절감과 차량속도 저감 대책을 마련하는 등 지속적인 모니터링과 유지관리가 수반되어야 보행자 우선도로의 지속가능성이 확보될 것으로 판단된다.

[그림 3.13] 서울시 마포구 보행자 우선도로, 상암동

4. 어린이보호구역 시범사업

4.1 초등학교 주변 보행로 시범사업

(1) 과업의 배경 및 방향

서울시에서는 시민 생활의 주 활동 무대인 도심지역 도로의 보행자 환경과 보행주권 강화를 위한 정책방향을 구현하고 자동차 중심에서 보행자 중심으로 정책변화에 부응하며, 보행자 안전을 강화하는 관점에서 걷고 싶은 도시, 보행친화 도시의 구현을 위해 시범사업을 추진하고 이러한 정책을 체계적으로 뒷받침하기 위한 기준을 마련하고자 하였다.

특히, 초등학교 주변 도로를 보행자와 어린이 친화공간으로 조성하고 차량 통행을 줄이기 위해 학부모와 아이들이 편안하게 걸을 수 있는 보행공간으로 탈바꿈하고, 차선을 없애고 보차도 구분을 없게 하며, 교통정온화기법을 적용하여 차량은 지그재그 형태 운행, 차도폭 축소, 벤치와 플랜트 박스 등을 설치하여 물리적 감속을 유도하고 도로공간을 블록으로 포장하여 차량의 속도 저감과 친환경 물순환 기능을 확보하고자 하였다.

(2) 시범사업 대상지역

서울시에서 추진하는 시범사업 대상으로 지정된 소의초교(마포구), 공연초교(노원구), 이수초교(서초구), 가양초교(강서구), 신현초교(중랑구), 양진초교(광진구) 등 6개 지역에서 시행된 시범사업에 대해 추진과정에서 모니터링을 수행하여 체계적인 시범사업과 교통정온화기법 적용을 도모하였다.

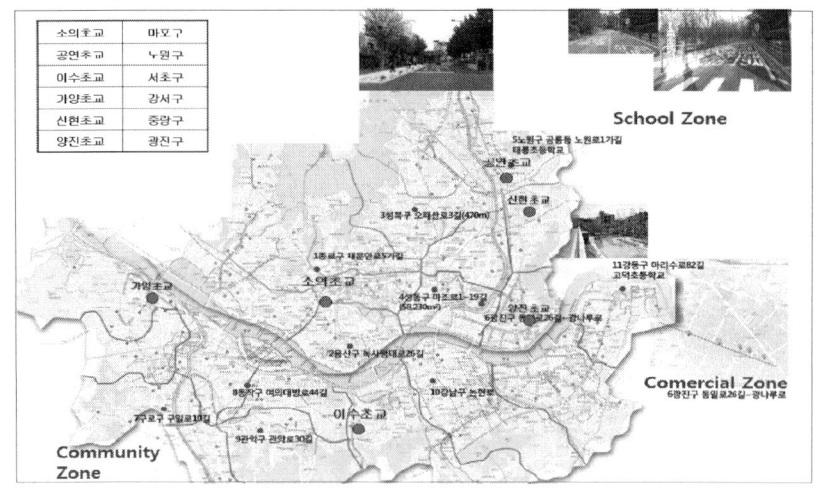

[그림 3.14] 시범사업 key map

작품명 : 세이프 온 더 블록
(서울시 스쿨 존 안심 통학로 조성)

☐ **제안 배경**

▶ 교통사고의 60% 이상이 도로가 좁은 이면도로에서 발생

▶ 기존의 교통정온화기법(Traffic Calming)을 기본으로 하여 이면도로에 적용하는 새로운 어린이 통학로, 보행로 조성기법 도입 필요

☐ **주요 내용**

▶ 도로공간을 공원과 같은 아이들 활동공간(전시, 디자인 놀이터 등)으로 구성

☞**차량의 과속·불법 주정차를 보행친화시설을 통해 방지**

▶ 친환경 디자인 포장으로 교체하여 시각적으로 도로를 보행자와 공유하는 공간으로 인지토록 함

【 달라지는 것들 】

하나. 아이들 등하교 보행안전 최우선, 운전자는 진땀 운전
둘. Zone30에서 Zone20까지 하향 조정할 수 있는 기반 조성
셋. 활력 넘치는 멋진 경관으로 지역 랜드마크!

(3) 대상지역 현황분석과 계획(안)

시범사업 대상지역에 대해 현장조사를 실시하고 현황분석을 통해 개선계획의 기초자료로 활용하였으며, 지역별로 분석한 내용을 요약하면 다음과 같다.

마포구 소의초등학교 구간(L=280m)은 도로가 협소하고(도로 폭, B=5m) 보도가 존재하지 않아 어린이들의 안전 통행에 취약하고 승합차 등 차량 통행이 빈번하고 불법주차로 어린이 통행이 어려우며, 보조간선도로인 만리재로에 인접하여 차량이 속도감을 유지한 상태로 소의초교 정문 방향의 이면도로로 진입하고 있으며 진입 후, 급커브구간에서 교통사고 발생이 우려되고 있다.

[그림 3.15] 소의초교 주변 현황

[표 3.5] 소의초교 교통정온화 시설 계획(안)

시 설 명	설치 위치 및 내용	비고
① 고원식 교차로	• 소의초교 정문, 후문 앞	
② 고원식 횡단보도	• 정문, 정문 앞 횡단지점 • 정문 입구 만리재로 교차지점	
③ 과속방지턱	• 속도저감 필요지점 30m 내외 간격	골목길 교차점 전후
④ 블록포장	• 초교 입구 진입지점~후문~초교 담장	이질포장
⑤ 어린이보호구역	• 시·종점부 표지판 설치	보차공존도로

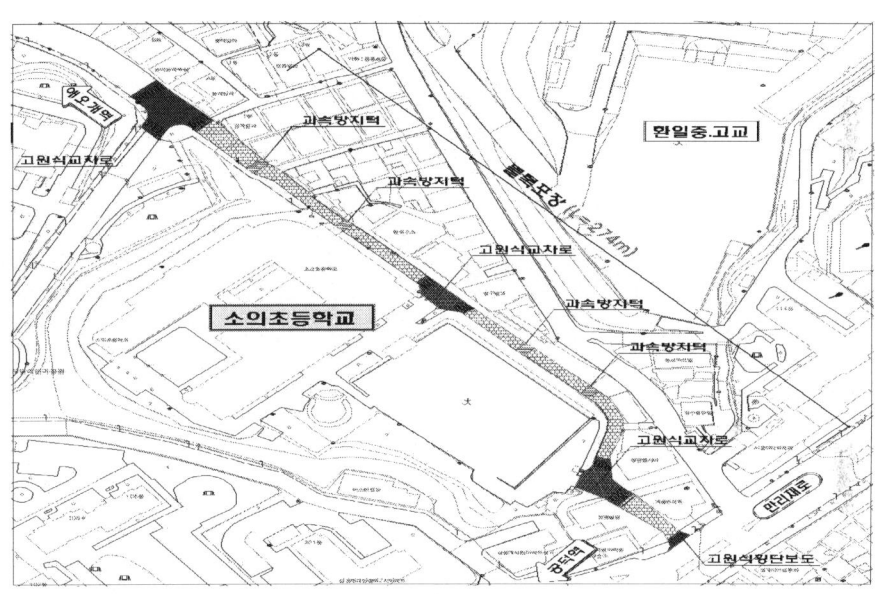

서초구 이수초등학교 구간(L=400m)은 정문이 이면도로 사거리 모서리에 있어 운전자의 시인성 확보가 어려우며, 보도 폭이 협소하고 핸드레일, 표지판 지주, 전주 등으로 점유되어 등하교 시, 도로를 내려와 이용하는 경우가 많아 사고위험이 크다. 방배동 먹자골목에 인접하여 보행자와 승합차 통행이 빈번한 지역으로 폭 1.5m인 보도를 어린이, 보행자들이 통행을 기피하고 있어 이수초교 관계자, 학부모, 주민들과 소통하여 학교 옆 도로를 보도와 차도의 구분이 없는 보차공존도로의 공유공간으로 조성할 필요성이 있다.

[그림 3.16] 이수초교 주변 현황

[표 3.6] 이수초교 교통정온화 시설 계획(안)

시 설 명	설치 위치 및 내용	비고
① 고원식 교차로	• 이수초교 정문 앞 사거리, 우측면 사거리 등	
② 고원식 횡단보도	• 정문 앞 사거리 4방향 횡단지점	
③ 과속방지턱	• 정문 앞 사거리 3방향 길 30m 내외 간격	
④ 블록포장	• 정문 앞 사거리 4방향 길 교차지점까지	이질포장
⑤ 통합표지판	• 표지판 지주로 잠식된 보도공간을 통합표지판 설치로 보행자 공간 측방여유 확보	

　　강서구 가양초등학교 구간(L=330m)은 주변의 경서중학교, 가양초교, 아파트 단지와 도로가 인접하여 통행량이 많으며, 좁은 보행통로(도로 폭, 1.2m)가 일부 구간에 있으나 등하교 시, 폭 6m인 도로가 협소하여 안전사고 위험이 크고 도로 주변으로 불법주차 차량이 많은 구간이다. 현재, 경서중학교 옆 폭 6.0m인 시설녹지를 보행로로 이용하고 있으나 나머지 구간에서는 보행 안전성이 취약한 상태로 교통정온화사업이 필요한 실정이다.

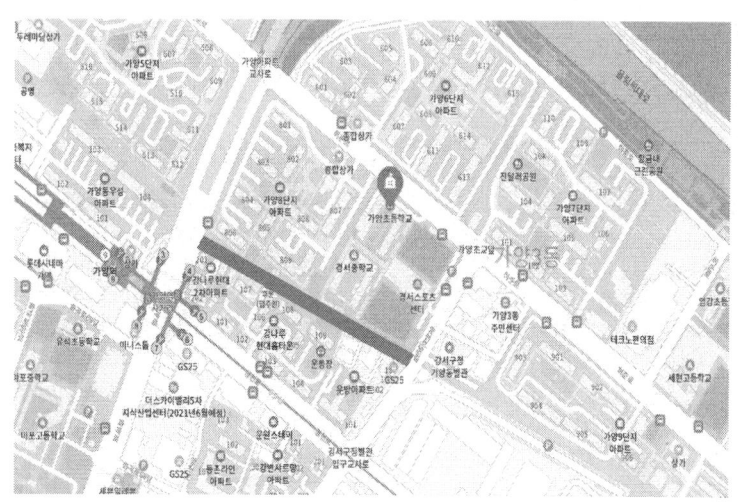

[그림 3.17] 가양초교 주변 현황

[표 3.7] 가양초교 교통정온화시설 계획(안)

시 설 명	설치위치 및 내용	비고
① 고원식 횡단보도	• 시설녹지와 반대편으로 횡단하는 지점에 설치하여 보행 안전성 확보 • 이면도로 진출입 지점에 설치하여 차량 통행속도 저감	
② 고원식 교차로	• 이면도로에 인접한 APT 입구 2개 지점	
③ 과속방지턱	• 이면도로 구간 30m 내외 적정 간격	
④ 블록포장	• 이면도로 전 구간	이질포장

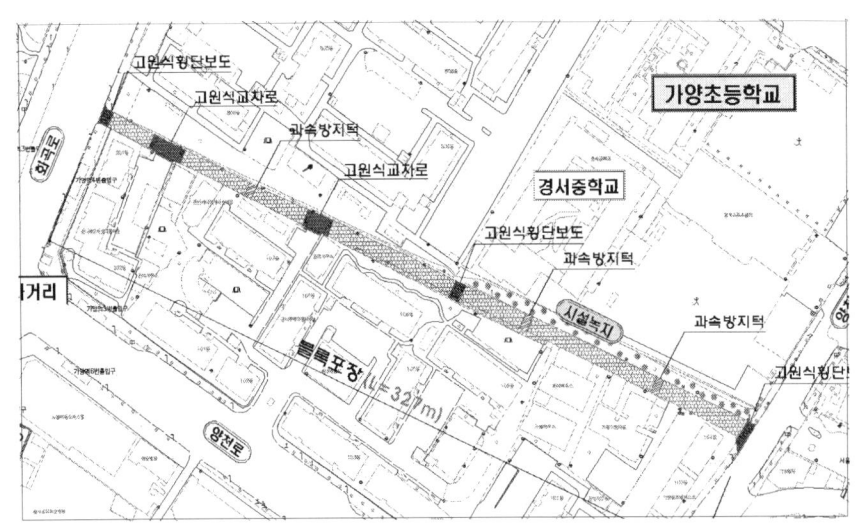

(4) 어린이 보호구역 사업의 추진 절차와 단계별 시스템

시범사업의 대상지역은 초등학교 주변 어린이보호구역을 대상으로 하여 시행하는 사업으로 사업의 추진 절차에 따라 효율적인 사업이 될 수 있도록 계획-설계-시공-유지관리 단계에서 체계적인 시스템을 구축하여 도로 관리자, 도로 이용자, 지역주민, 전문가 등의 역할이 적절히 분담되고 지속가능성을 유지할 수 있도록 모니터링에 의한 Feed Back 시스템이 유지되어야 사업의 성과를 기대할 수 있다.

또한, 사업대상 구역의 교통안전 상 문제점을 파악하기 위해 사전에 토지이용현황, 도로특성, 교통특성, 보행환경, 교통사고 등을 조사하고 분석하여 문제의 원인을 파악하고 개선계획에 반영해야 한다.

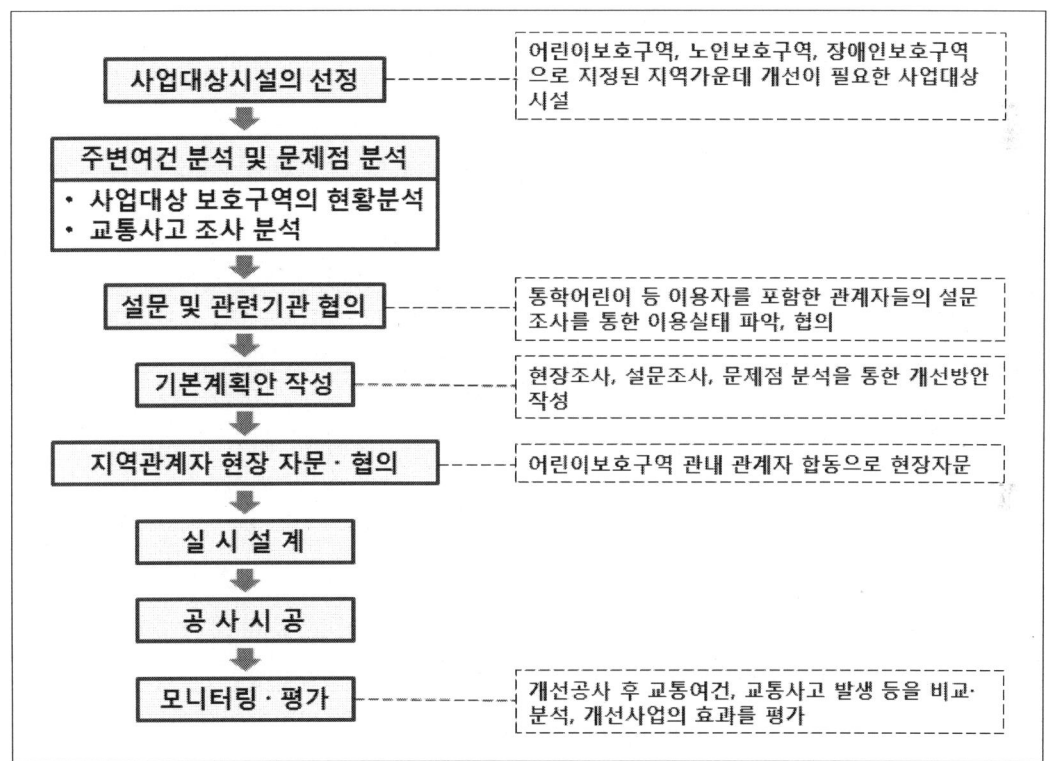

주) 어린이 · 노인 · 장애인 보호구역 통합지침(국민안전처 · 도로교통공단, 2015)

[그림 3.18] 어린이 보호구역 개선사업의 추진 절차

시범사업의 효율성을 확보하기 위해서는 단계별로 교통정온화기법, 디자인 컨셉, 경관디자인, 블록패턴 등과 시공 시, 설계관점의 반영, 피드백, 유지관리 단계에서 주민참여형사업으로 관계자의 역할 분담, 사업완료 후 지속적인

모니터링과 피드백 시스템 유지, 주민참여시스템 가동 등 단계별 시스템을 구축하여 체계적으로 적용하여야 효율적 사업 시행 결과를 기대할 수 있다.

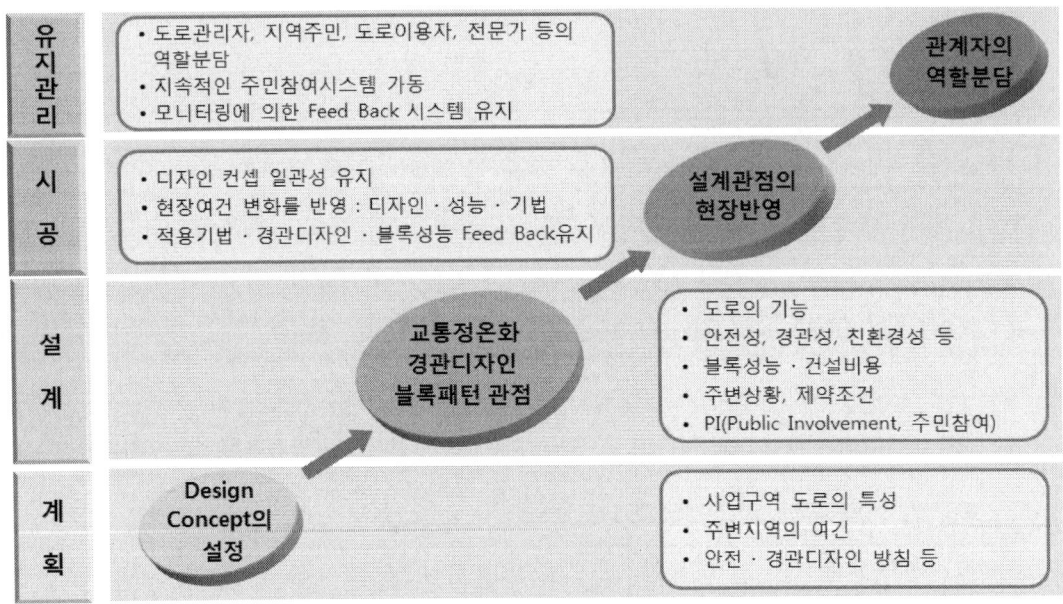

[그림 3.19] 개선사업의 단계별 시스템 구축

(5) 시범사업 구간 차량 주행속도 변화의 비교·분석

1) 사업시행 전, 속도조사

5개 시범사업 지구에 대해 사업시행 전·후의 차량속도 조사를 통해 사업의 효과를 비교·분석하기 위해 시업시행 전에 통행차량 속도조사를 수행하였다. 이수초교 구간에서 수행한 측정내용을 분석하면, 측정 결과 대상차량은 45대/시간, 최저속도는 16km/h, 최고속도는 31km/h로 나타났으며, 측정구간 통과차량의 평균속도는 22.9km/h로 분석되었다. (2020. 12. 23.)

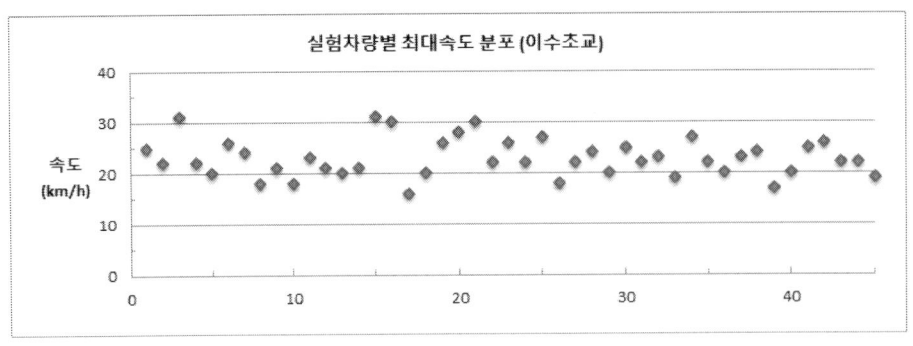

한편, 가양초교 구간에서 측정한 내용을 분석하면, 측정 결과 대상차량은 66대/시간, 최저속도는 17km/h, 최고속도는 37km/h로 나타났으며, 측정구간 통과차량의 평균속도는 25.4km/h로 분석되었다.

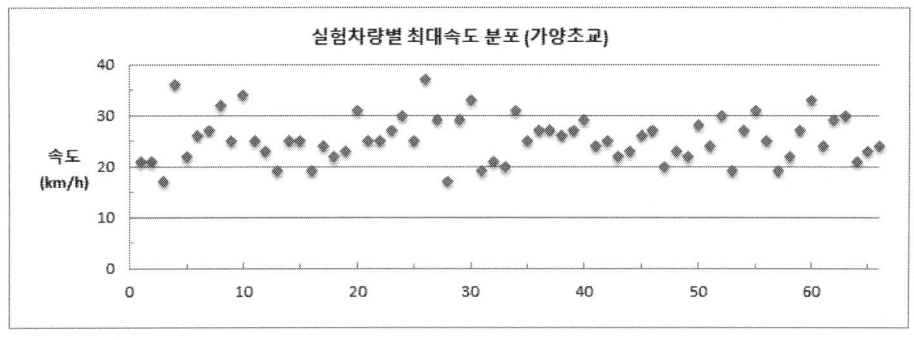

전체 5개 구간에서 속도조사 결과를 종합하면, 평균속도를 기준으로 할 때, 중랑구 신현초교 구간에서 15.2km를 제외하고는 21.2km~25.4km 범위를 나타내고 있어 현재 어린이 보호구역에 설정된 30km/h 속도제한 범위를 전반적으로 수렴하고 있으나 일부 차량은 30km를 넘는 속도를 나타내고 있어 본 시범사업이 필요한 것으로 판단되었다.

[표 3.8] 사업시행 전, 속도조사 결과

측정구간	측정시간	교통량 (대/시)	최저속도 (km/h)	최고속도 (km/h)	평균속도 (km/h)
소의초교	12:30~13:30	24	15	27	23.3
이수초교	08:30~09:30	45	16	31	22.9
가양초교	10:30~11:30	66	17	37	25.4
신현초교	14:30~15:00	44	10	25	15.2
양진초교	16:00~17:00	73	10	35	21.2
평균		50.4	13.6	31.0	21.6

2) 사업시행 후, 속도조사

4개 시범사업 지구에 대해 사업시행 후, 통행차량 속도조사를 수행하였으며, 이수초교 구간에서 수행한 측정내용은 측정결과, 대상차량은 52대/시간, 최저속도는 10km/h, 최고속도는 26km/h로 나타났으며, 측정구간 통과차량의 평균속도는 20.1km/h로 분석되었다.

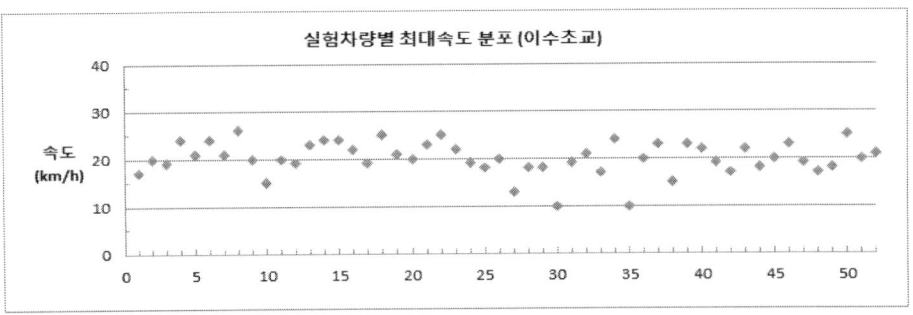

가양초교 구간에서 측정결과, 대상차량은 49대/시간, 최저속도는 18km/h, 최고속도는 29km/h로 나타났으며, 측정구간 통과차량의 평균속도는 22.1km/h 로 분석되었다.

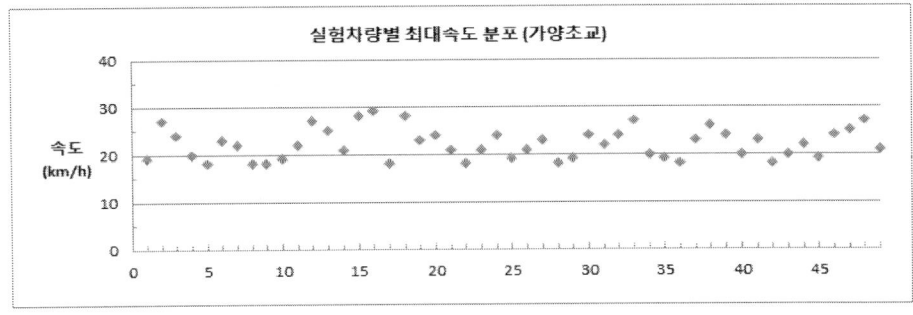

사업시행이 완료된 4개 구간에서 속도조사 결과를 종합하면, 평균속도를 기준으로 할 때, 중랑구 신현초교 구간에서 13.3km를 제외하고는 17.3km~22.1km 범위를 나타내고 있으며, 현재 어린이 보호구역에 설정된 30km/h 속도제한 범위를 넘어서는 차량은 나타나지 않고 있다.

[표 3.9] 사업시행 후, 속도조사 결과

측정구간	측정시간	교통량 (대/시)	최저속도 (km/h)	최고속도 (km/h)	평균속도 (km/h)
소의초교	12:30~13:30	27	10	23	17.3
이수초교	08:30~09:30	52	10	26	20.1
가양초교	10:30~11:30	49	18	29	22.1
신현초교	14:30~15:00	25	10	18	13.3
평균		38.3	12.0	24.0	18.2

시범사업 구간에서 주행 차량의 교통량, 속도분포를 사업의 시행 전후로 비교하여 보면, 교통량은 이수초교, 소의초교 구간은 소폭 증가, 가양초교 신현초교 구간은 감소하였고, 평균적으로 10.2% 감소하였으며, 통행속도도 전적으로 감소하여 평균 속도감소량은 3.5km/h, 평균 감소율은 15.9%로 나타나고 있다.

[표 3.10] 사업 시행 전·후 교통량, 평균속도 변화 (대/시, km/h)

구 분	시행 전 교통량	시행 전 평균속도	시행 후 교통량	시행 후 평균속도	교통량 (%)	평균속도 (%)
소의초교	24	23.3	27	17.3	△ 3 (12.5)	▼ 6.0 (25.8)
이수초교	45	22.9	52	20.1	△ 7 (15.6)	▼ 2.8 (12.2)
가양초교	66	25.4	49	22.1	▼ 17 (25.8)	▼ 3.3 (13.0)
신현초교	44	15.2	25	13.3	▼ 19 (43.2)	▼ 1.9 (12.5)
양진초교	73	21.2	-	-	-	-
평균	50.4	21.6	38.3	18.2	▼ 6.5 (10.2)	▼ 3.5 (15.9)

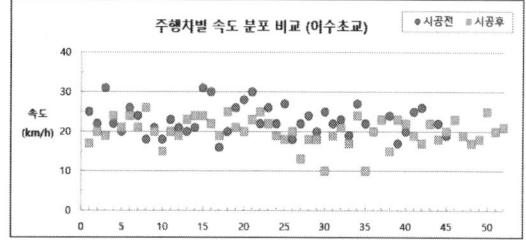 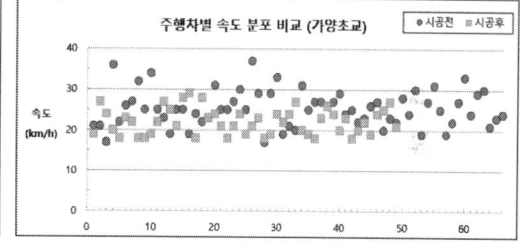

[그림 3.20] 이수초교, 가양초교 구간 사업 시행 전·후 주행속도 비교

시범사업 구간에 교통정온화기법과 블록포장을 적용하여 속도저감 효과를 분석하는 것은 안전성, 운영효율성, 환경성 등 3가지 특성 관점에서 접근하는 것이며, 통행속도와 통행량은 도로의 안전성 개선효과 관점에서 직접적인 평가요소가 될 수 있다. 이러한 속도변화와 교통량 비교분석을 위한 조사는 사업시행 후 1개월, 3개월, 6개월 일정한 기간에 걸쳐 모니터링을 수행하여 지속적인 변화 추이를 분석하면 사업의 효과를 명확하게 하고 체계화된 자료로서 활용도를 높일 수 있을 것으로 판단된다.

(6) 시범사업 전·후의 가로환경 비교·분석

시범사업의 시행 전후의 현황을 비교해 보면, 보행환경과 가로경관의 개선 상태는 이전에 비해 양호한 상태로 변화하여 현지에서 문답 결과, 지역주민들과 학교 측의 좋은 반응을 얻을 수 있어 긍정적인 측면이 돋보였으며, 사업구간을 통행하는 차량의 통행량과 통행속도를 비교할 경우, 사업 시행 후 효과는 전반적으로 긍정적인 결과를 나타내고 있는 것으로 분석되었다.

[그림 3.21] 이수초교 구간 사업 시행 전·후

[그림 3.22] 가양초교 구간 사업 시행 전·후

4.2 이수초교 주변 보행로 시범사업

(1) 과업 목적과 범위

서울시에서는 보행자 주권을 강화하기 위하여 시범사업을 통해 자동차 중심에서 보행자 중심으로 정책변화를 반영하고 보행자 안전을 위한 도로환경개선의 목적으로 초등학교 주변 생활도로에 대해 교통정온화(traffic calming) 기법을 현장여건에 맞게 적용하여 어린이, 보행자의 안전과 차량과 보행자가 공존하는 보행친화 공간을 확보하며, 더불어 저속통행이 요구되는 생활도로에 보행자의 안전을 강화하기 위해 속도저감과 물순환 등에 유리한 차도용 블록포장을 반영하여 생활도로 구역에서 안전성과 친환경성을 확보하고자 하였다.

과업의 범위는 서울시 서초구 방배동 이수초등학교 주변 사방으로 폭 8.0m인 방배천로4길, 청두곶길과 폭 6.0m인 청두곶3길, 방배천로2안길 등을 대상으로 하여 시범사업을 시행하였다.

(2) 대상지역 현황분석

이수초등학교 방배천로4길(남측)과 청두곶길(동측)은 차로의 구분이 없는 양방통행으로 도로폭 8.0~8.5m이며, 방배천로2안길(서측)과 청두곶3길(북측)은 일방통행으로 도로폭 5.2~6.0m로 개설되어 있다. 이수초등학교 정문이 사거리 왼쪽 모서리에 위치하고, 후문이 오거리에 인접하여, 운전자의 시인성 확보가 어렵고 등·하교하는 어린이들의 보행안전이 위험한 상태이다.

이수초등학교 주변으로 보도가 존재하고 고원식 교차로 및 미끄럼방지포장이 설치되어 있으나 보도 폭이 1.5m로 협소하고 전주, 표지판 지주, 핸드레일 등 시설물로 점유되어 통행이 불편하여 어린이와 보행자들이 차도를 이용하는 경우가 많아 안전사고 위험에 노출되어 있다. 북동쪽으로는 주택가, 남서쪽으로는 방배동 먹자골목에 인접하여 보행자와 승용차 및 조업 차량의 상충으로 보행안전과 교통안전이 위협받고 있는 지역으로 교통정온화 계획의 반영이 시급한 지역이다.

방배천로4길(남쪽)

협소한 보행로

청두곶길

[그림 3.23] 이수초교 대상지역 현황

(3) 스쿨 존 어린이 교통사고 현황 및 분석

최근 3년간(2017~2019년) 이수초교 주변 교통사고 발생 건수는 총 141건이며, 차대차 83건, 차대사람 57건, 차량단독 1건으로 교통사고 발생지점은 대부분 사당역 주변도로에서 발생하고 있으며, 본 과업구간에서는 차대차 2건, 차대사람 2건 등 4건의 교통사고가 발생하였다.

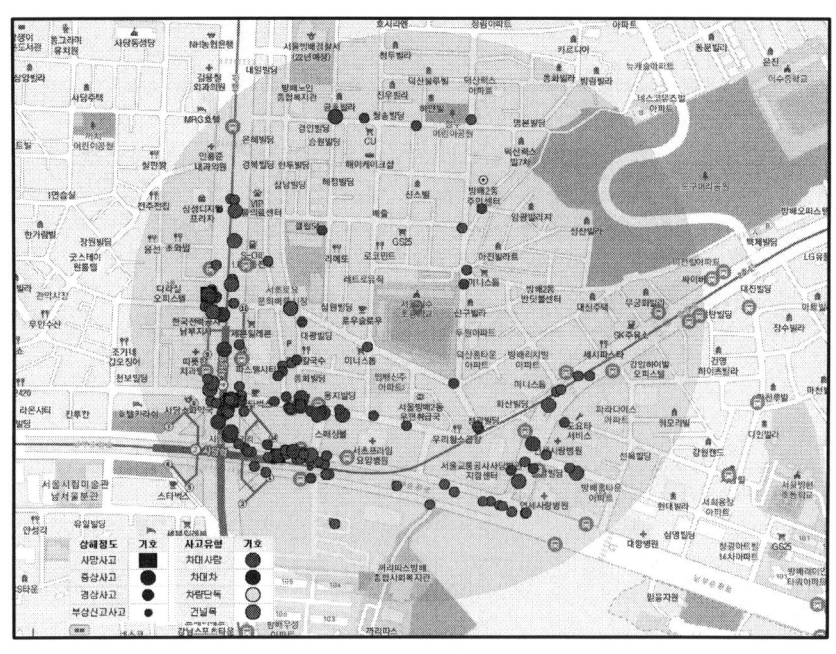

구분	계	안전운전 의무 불이행	신호위반	안전거리 미확보	중앙선 침범	교차로 통행방법 위반	보행자 보호의무 위반	기타
사고건수 (건)	141	98	5	13	2	2	10	11
사상자수 (명)	183	133	8	13	3	3	10	13

주) TAAS 교통사고분석시스템

　이수초교 주변에서 발생한 사고의 법규위반 유형으로는 운전자의 '안전운전 의무 불이행'으로 인한 사고 건수(98건, 70%)와 사상자 수(133명, 73%)가 가장 높은 비율로 대부분을 차지하고 있는 것으로 나타나고 있다.

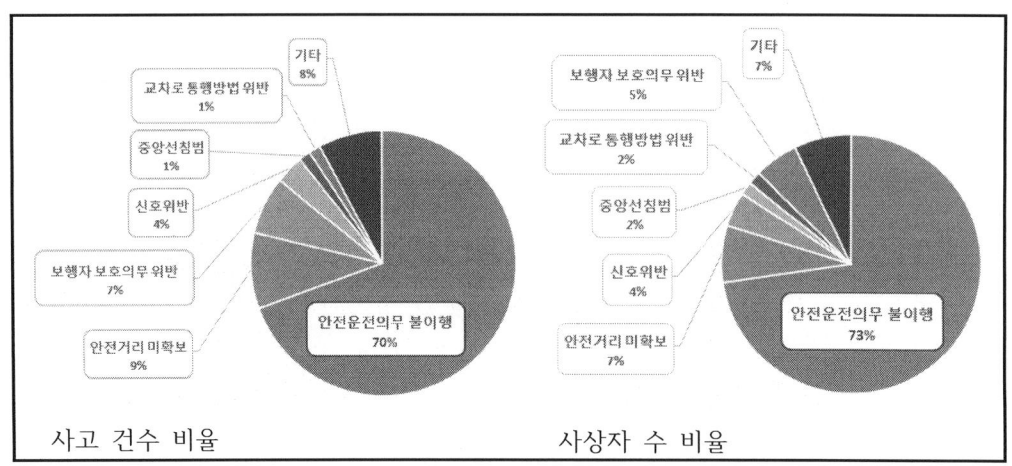

| 사고 건수 비율 | 사상자 수 비율 |

보행 어린이 사고 현황을 보면, 최근 3년간(2017~2019년) 이수초교 주변에서 발생한 보행 어린이 교통사고의 발생 건수는 총 2건으로 이수초교 후문 앞 교차로와 주변 주택가에서 발생하였다.

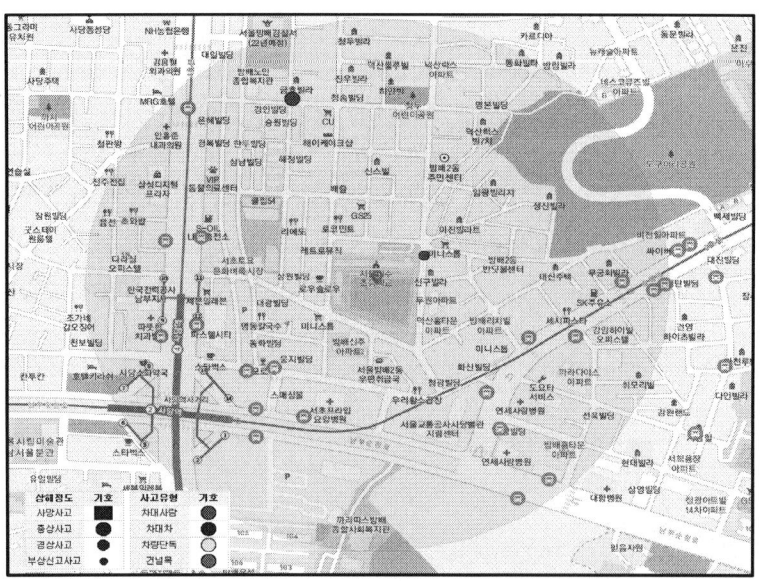

구분	계	안전운전 의무 불이행	신호위반	안전거리 미확보	중앙선 침범	교차로 통행방법 위반	보행자 보호의무 위반	기타
사고건수 (건)	2	2	-	-	-	-	-	-
사상자수 (명)	2	2	-	-	-	-	-	-

주) TAAS 교통사고분석시스템

서울특별시의 스쿨 존 어린이 교통사고를 분석한 결과, 서울시 스쿨 존 어린이 교통사고는 전년 대비 2018년에 사고 건수 및 사상자 수가 감소(-4건, -9명)하였으나 2019년에 다시 증가(+37건, +40명)하고 있으며, 서초구의 스쿨 존 어린이 교통사고 현황은 전년 대비 2018년에 사고 건수 및 사상자 수가 증가(+5건, +5명)하였고, 2019년에는 감소(-3건, -3명)하였다. 사고 법규위반 유형으로 서울시는 '보행자 보호의무 위반', 서초구는 '안전의무 불이행' 유형이 가장 높은 것으로 나타나고 있다.

이수초교 구간은 최근 3년간 보행 어린이 교통사고 1건이 발생한 비교적 안전한 구간이나 서울시, 서초구, 이수초교 주변 사고분석 결과를 비추어 보아 '보행자 보호'를 위한 관점에서 전반적으로 도로시설을 개선하여 보행자 안전을 확보할 필요성이 있는 것으로 판단된다.

이러한 관점에서 이수초교 구간에는 고원식 교차로, 고원식 횡단보도, 과속방지턱, 블록포장 등 교통정온화기법을 적용하고, 보행자 위주의 도로인 보차공존도로 지정으로 차량 운전자에게 보행자 중심도로임을 인식시키고 경각심을 높여 주행속도를 안전속도인 30km/h 이하로 유지하여 보행자와 차량이 공존하는 도로문화를 확산시켜야 할 것으로 판단된다.

(4) 교통정온화계획

과업구간에 적용할 한국형 교통정온화기법의 주요내용은 국내 운전자 특성을 고려한 연속형 과속방지턱 등 설치기준을 제시하고 도시지역의 생활도로에 교통정온화시설과 함께 녹지공간, 블록포장 등 친환경 기법 적용을 확대하고 교통정온화 시설물에 대한 경관디자인기법을 개발하여 접목하는 것이다.

교통정온화구역을 '존 30구역'(TYPE Ⅰ, Ⅱ) 및 '보행우선구역'(TYPE Ⅲ)으로 구분하고 진입체계를 "간선도로 → 보조간선도로 → 존 30 → 보행우선구역 → 주거지"의 체계로 설정하며, 사업대상 범위의 정비유형을 다음과 같이 구분하여 적용하였으며, 정비유형별 기법의 적용방안과 적용된 주요 교통정온화기법은 다음과 같다.

[표 3.11] 정온화구역의 정비유형과 도로구분

정비유형	도로구분	비 고
TYPE Ⅰ	집산도로, 국지도로	존30
TYPE Ⅱ	생활도로를 포함하는 국지도로	존30
TYPE Ⅲ	생활도로 위주의 국지도로	보행우선구역

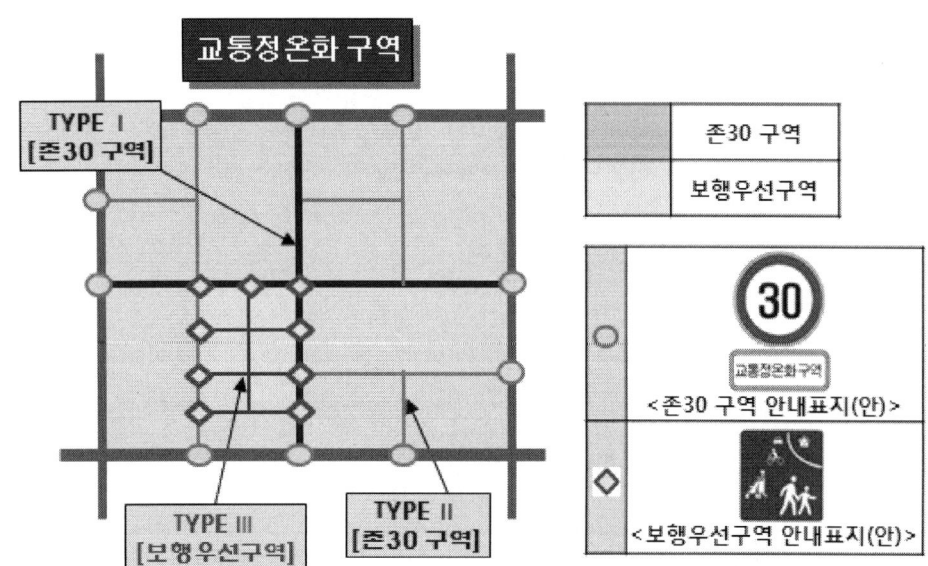

[표 3.12] 유형별 교통정온화기법 적용방안〉

정비유형	물리적 기법	교통규제 기법
TYPE Ⅰ	• 존 경계부 진출입부, 교차로 계획 중심 • 지그재그 차선, 보행섬식 횡단보도 등 **평면적 기법** 위주 적용	• 존30 규제 • 통행방해 요소 발생시 불법주차 규제
TYPE Ⅱ	• 가로구간, 교차로구간 정온화 기법 적극적 도입 • 과속방지턱, 고원식 교차로, 차로폭 좁힘, 시케인 등 **평면적/수직적 기법** 적용	• 존30 규제 • 대형차 통행금지 및 일방통행 규제
TYPE Ⅲ	• 생활환경과 도로폭원 등 주변여건 고려한 기법적용 • 노면요철포장, 과속방지턱 등 **수직적 기법** 위주 적용	• 보행우선구역 규제 • 대형차 통행금지 및 일방통행 규제

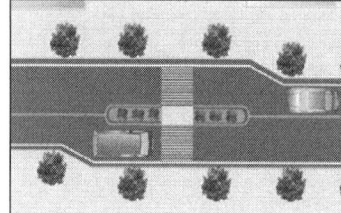  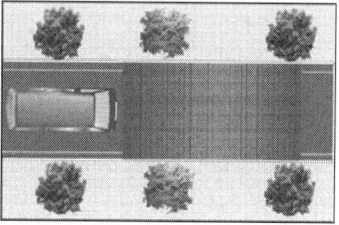

[그림 3.24] 정온화기법의 적용사례

1) 고원식 교차로

고원식 교차로는 교차로 전체를 높여 주어 교차로 부근에서 자동차의 감속효과를 유도하는 기법으로 교차로의 시인성이나 상징성을 기대할 수 있다. 도로의 기능적 위계가 낮은 도로 간의 교차에서 시인성을 확보할 목적으로 교차부의 포장 색상이나 재질을 변화시켜주는 방식으로 저비용으로 충분한 효과를 볼 수 있다.

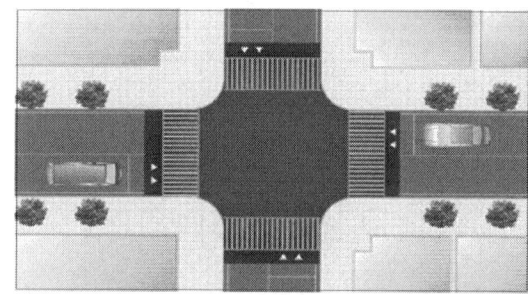 

[그림 3.25] 고원식 교차로 개념도 및 설치사례

2) 고원식 횡단보도

고원식 횡단보도는 보행자 횡단보도를 자동차가 통과하는 도로면보다 높게 하여 자동차의 감속을 유도하는 시설로 차도 노면에 사다리꼴 모양의 횡단면을 갖는 구조물을 설치하며 보행자는 보도의 양측에서 수평으로 횡단할 수 있다.

고원식 횡단보도를 설치하면 횡단보도가 보도의 연석과 비슷한 높이로 조성되어 별도의 수직이동이 발생하지 않아 편리하고 안전한 보행환경을 조성할 수 있는 장점이 있어 최근 생활도로 구간에 널리 적용하고 있는 시설이다.

[그림 3.26] 고원식 횡단보도 설치사례

3) 과속방지턱

과속방지턱은 수직으로 단차를 이용하여 일정 도로구간에서 통행 차량의 과속 주행을 방지하고 일정지역에 통과차량을 억제하기 위해 설치하는 시설로 과속방지턱은 속도의 제어라는 기본기능 외에 통과교통량 감소, 보행자 안전 확보, 노상주차 억제 등 부수적인 기능도 갖고 있다.

설치하는 형태에 따라 원호형, 사다리꼴 등 형식이 있으며, 넓은 의미의 과속방지시설로는 범프(bump), 쿠션(cushion), 플래토(plateau) 등이 포함된다.

[그림 3.27] 과속방지턱 개념도 및 설치사례

4) 블록포장

블록포장은 여러 가지 형태의 패턴이 있으며, 차도용 블록포장에서는 차량 하중과 변형에 대한 저항성, 블록 간 엇물림 성능 등을 고려한 구조를 고려해야 한다. 차도용 블록포장 패턴은 보도와 달리 차량 하중에 대한 하중 분산, 변형에 대한 저항성, 엇물림 성능 등을 고려하여 구조적으로 우수한 45도 헤링본 타입(지그재그형)을 적용하고 있다.

차도용 블록패턴에는 여러 가지 패턴이 있지만, 차도용 블록포장은 수평전달 하중의 분산에 유리하고 변형에 저항성이 높으며 엇물림 성능이 뛰어나 구조적으로 우수한 '45도 헤링본 타입'(지그재그형)을 기본으로 블록패턴 디자인에 적용하는 것이 바람직하다.

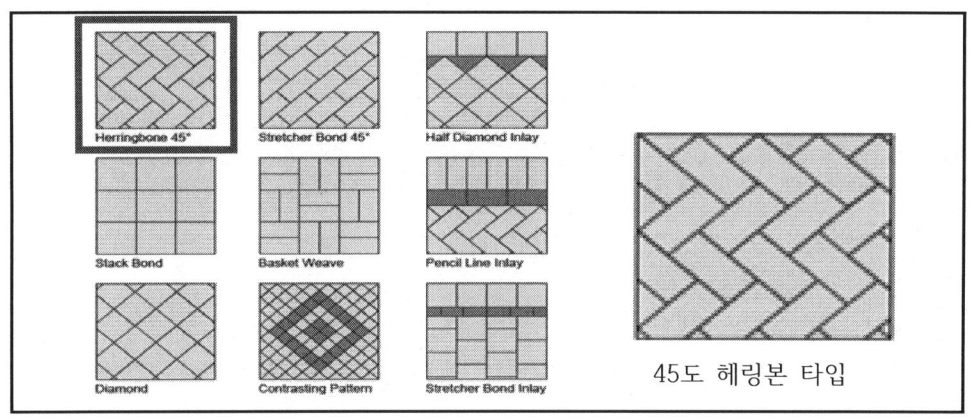

45도 헤링본 타입

[표 3.13] 차도용 블록패턴의 적용

패턴		특징	적용
십자형 통줄눈		• 줄눈끼리 서로 연결되어 있음 • 바퀴 하중에 의하여 블록이 밀리거나 뒤틀어질 수 있음	✗
양방향 막힌 줄눈		• 서로 다른 규격의 블록으로 양방향 막힌 줄눈으로 시공	◐
막힌 줄눈		• 차량진행방향 줄눈을 박힌 줄눈으로 시공 • 1/2, 2/3 정도로 서로 맞물리게 시공	◐
엘보우 (90도 헤링본)		• 1:2 비율의 블록을 가로 세로로 엇배열하여 줄눈의 방향성을 주지 않음	●
45도 헤링본		• 교통량이 많은 곳이나 경사지에 적합 • 수평 전달 하중 분산에 유리	◎

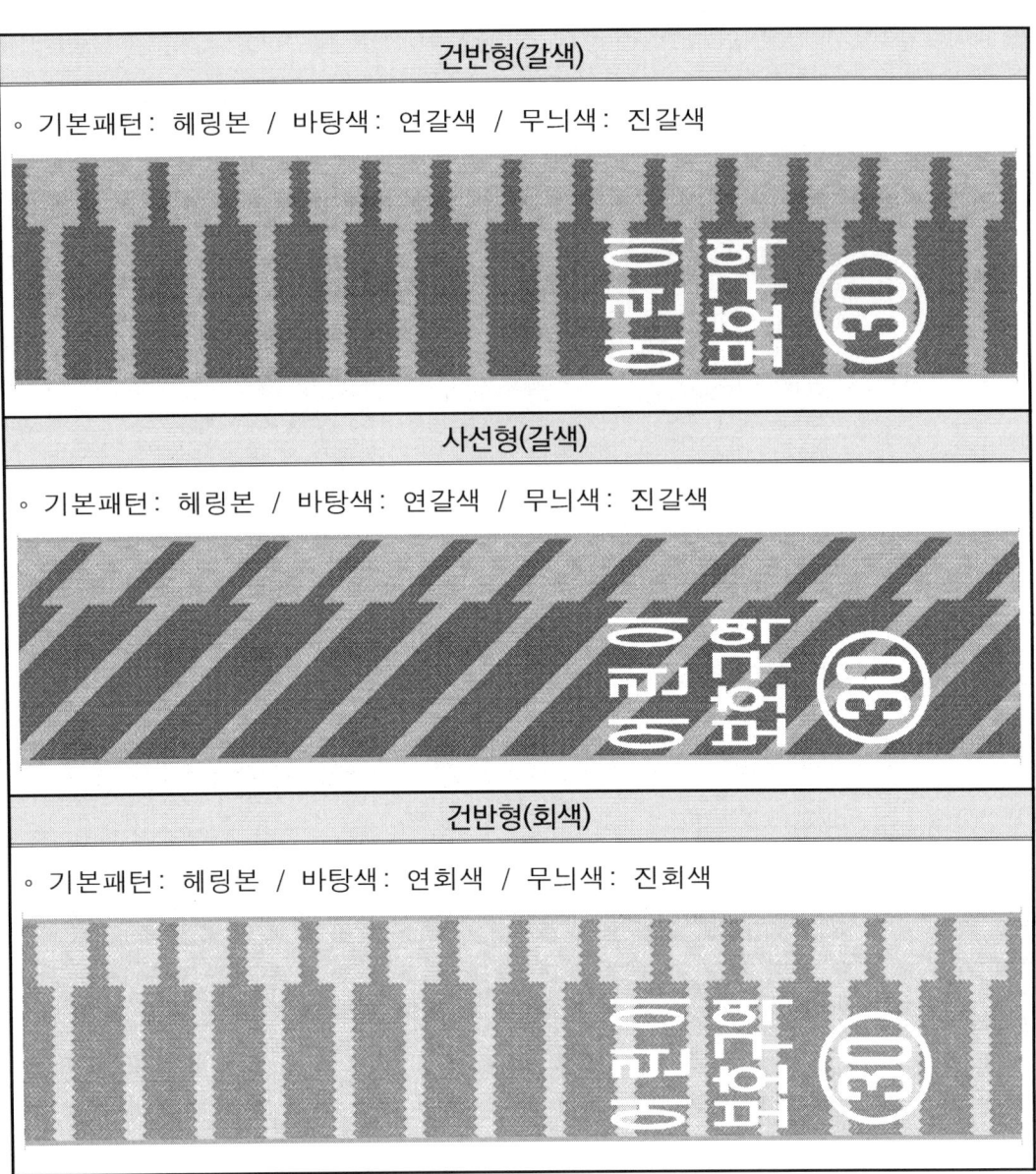

[그림 3.28] 블록패턴 디자인 사례

(5) 부대시설 계획

이면도로 교차점에서 안전성을 높이기 위한 목적으로 고원식 교차로 내 교차점 표시를 설치하여 교차로 위치 및 형태를 예고함으로써 운전자의 주의와 서행을 유도하고 교통사고 예방 및 보행자 안전을 확보하도록 하였다.

[그림 3.29] 교차점 표시 설치사례

교통안전 표지판은 방배천로4길 기존 보도 상에 설치되어 있는 속도 측정 안내표지판을 도로 가장자리로 이설하고, 과속방지턱 제거 및 신설에 따른 과속방지턱 예고 표지판 이설을 계획하였으며 기존의 어린이보호구역, 일방통행 등 표지판은 존치하는 것으로 하였다.

[그림 3.30] 표지판 현황

차선도색을 명확히 하여 불법주정차를 근절하는 관점에서 과업구간이 어린이보호구역으로 주정차가 금지되는 구간이므로 기존 황색실선(양방통행: 단선, 일방통행: 이중실선)을 준용하여 반영하였다.

[그림 3.31] 차선도색 현황

이와 함께 가로환경과 생활환경 개선 관점에서 방배천로4길(양방통행, 도로폭 8.0m)에 플랜트 박스와 벤치를 설치하고 나무를 식재하여 보행자들에게 그늘과 휴식공간을 제공하며, 가로의 쾌적성과 심미성 향상을 도모하였다.

[그림 3.32] 플랜트 박스, 벤치 설치사례

(6) 주민참여형 사업의 추진

전반적인 관점에서 어린이보호구역 사업은 디자인·설계-시공-유지관리 단계가 유기적으로 연계되어 전문가, 설계자, 감리자, 생산자, 행정기관, 주민 등이 참여하여 사업의 진행 과정에서 피드백과 모니터링이 유기적으로 이루어지는 시스템이 구축되어야 가로환경의 지속가능성이 확보될 수 있으므로 주민들의 사업에 대한 적극적인 참여와 명확한 인식이 무엇보다 중요한 관건이 된다.

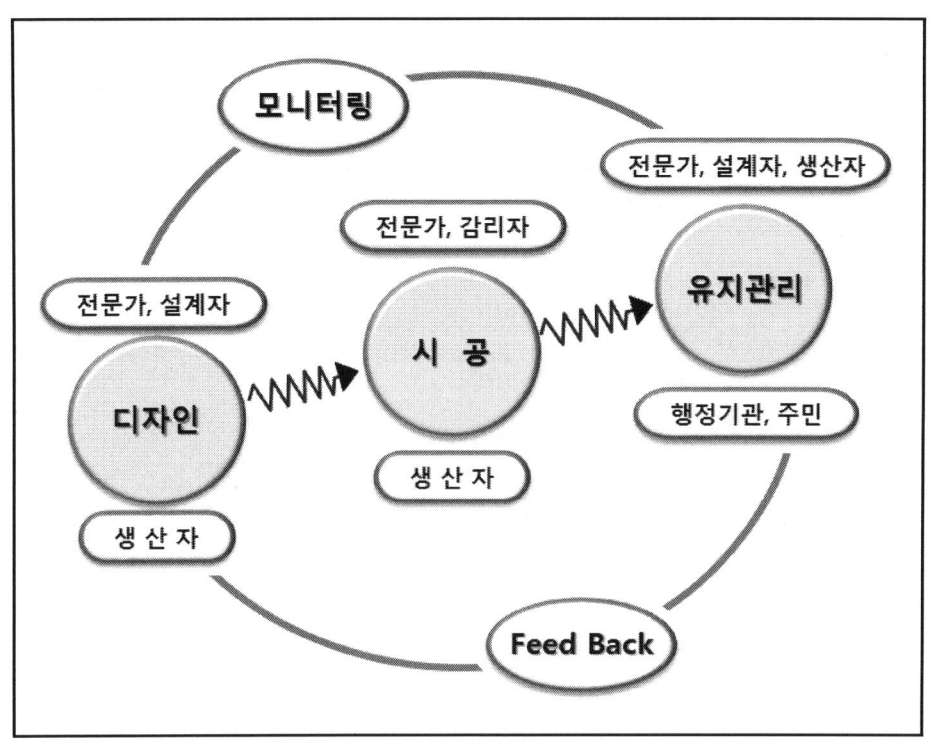

[그림 3.33] 어린이보호구역 사업의 시스템

본 사업을 시행하는 과정에서 '주민참여형사업'으로 추진하여 계획·설계-공사-유지관리 단계에서 도로 관련 기관뿐만 아니라 이수초교 관계자, 지역 상인회 등 주민협의체가 함께 참여하는 원활한 사업추진을 통해 공사완료 이후, 공용단계에서도 지속가능한 거리가 유지되도록 노력하였다.

시범사업의 추진과정에서 수시로 지역주민, 학교 관계자들을 만나 의견을 청취하였으나 사업의 취지를 제대로 이해하지 못하는 경우와 사업자체에 대한 거부반응도 인지되었으며, 전반적으로 사업추진 과정에서 주민 인식의 한계 즉, 보차공존도로 도입에 대한 인식 부족이 현실적 문제점으로 대두되었다. 또한, 블록포장에 대한 신뢰는 어느 정도 수용되었으나 물리적인 보차도 분리와 시설물 우선인 종래의 경직된 사고에 대한 집착이 완강하여 교통정온화사업과 보차공존도로 조성에 있어서 극복해야 할 과제로 판단되었다.

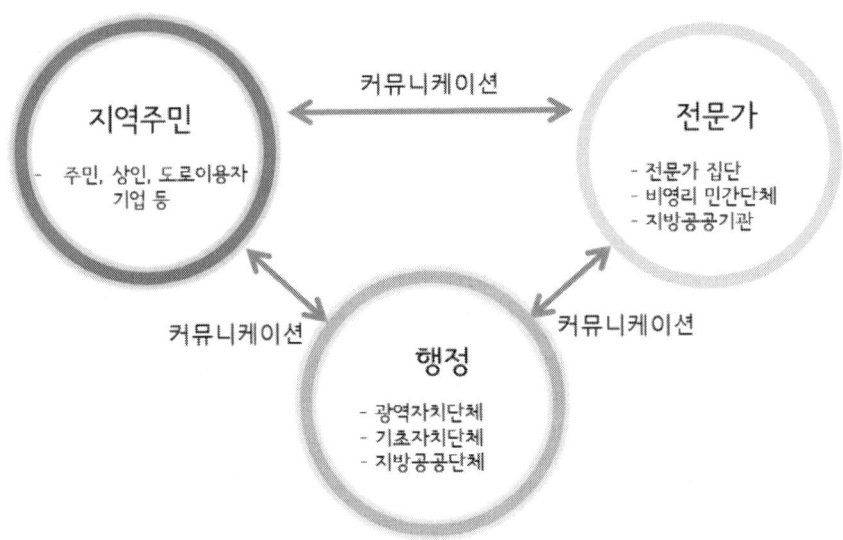

[그림 3.34] 주민참여형 도로 만들기 사업의 커뮤니케이션 활동

    시범사업 과정에서 주변의 상가에서는 보행로 개선사업에 대해 긍정적인 인식을 하고 있었으나 이수초교 쪽에서 사업내용에 대한 이해도가 부족하여 별도의 공청회를 두 차례 개최하였으며, 그러한 과정에서 서로가 소통하여 원만한 결과를 얻을 수 있어 계획대로 사업을 추진할 수 있었다. 학교와 학부모 쪽에서 본 사업의 취지를 이해하고 본 시범사업이 성공적으로 마무리되면 교통환경, 생활환경, 가로환경 등 개선에 본보기가 될 것으로 기대하고 사업추진 과정에서 서로 소통하고 상세한 요구사항에 대해서는 지속해서 소통하기로 한 것은 큰 성과였다.

[그림 3.35] 시범사업 공청회 (1차, 2차)

(7) 사업 시행 전후의 개선효과

시범사업의 시행 전후의 보행환경, 경관개선, 차량의 통행량과 통행속도 등을 비교해 보면, 보행환경과 가로경관의 개선상태는 이전에 비해 양호한 상태로 현지에서 문답 결과, 지역주민들과 학교 쪽에서 좋은 반응을 얻을 수 있어 긍정적인 측면이 있었다.

사업 시행 후, 사업구간을 통행하는 차량의 통행량과 통행속도를 비교한 결과에서도 교통정온화기법과 블록포장의 적용으로 사업 전후의 효과는 긍정적인 결과를 나타내고 있음이 나타나고 있다.

본 이수초교 시범사업의 주요성과를 분석하면, 지금까지 산발적으로 적용되어왔던 교통정온화사업을 지역주민, 학교 관계자, 학부모, 사업 관계자 등과 소통하는 과정에서 기존의 차량 위주 도로를 보행자가 부수적으로 이용하는 '보차혼용도로'와 보행자 위주 도로를 차량이 부수적으로 이용하는 '보차공존도로, 보행자우선도로', 보행자전용도로 등의 개념을 전달하고 인식시켰다.

또한 보차도 분리, 핸드레일, 볼라드, 시선유도봉 등 시설물 설치를 우선으로 하는 기존의 1차원적 사고방식에서 탈피하고 교통심리학 관점에서 접근하여, 불필요한 시설물을 억제하고 보차도 분리시설을 철거하여 보차공존 공간의 확대로 차량 운전자들이 변화된 교통환경을 먼저 인식하고 속도를 줄여 보행자의 안전이 확보되는 편안한 가로환경이 조성되어 거리에 활기가 생기고 인간중심 공간으로 변화되고 있음을 느낄 수 있다.

사업시행 후, 통행차량 속도조사에서도 전반적으로 20km/h 내외를 나타내고 있어 서울시에서 어린이보호구역 제한속도를 기존의 30km/h에서 점차 20km/h로 하향하여 조정하려는 정책방침에도 부합되고 있어 긍정적으로 평가되었다.

[그림 3.36] 이수초교 구간 플랜트 박스, 구로구 개봉초교 20km 존

[그림 3.37] 이수초교 구간, 사업시행 후 개방되고 편안한 가로상태

5. 노인보행사고 다발지점 개선사업
5.1 개선사업의 기본방향

최근, 서울시의 인구는 감소추세이지만, 65세 이상 노인 인구는 증가 추세이며, 보행자 사망수는 전반적으로 감소하고 있으나 노인 보행사고는 완만한 경향으로 지속되고 있다. 서울시에서는 2019년에 '노인보행사고 다발지점 개선사업'을 추진하여 고령 보행자 사고의 대부분이 발생하는 전통시장, 대중교통 밀집 지역 등 노인 보행사고 다발지점에서 고령 보행자 유형을 분석하여 개선방향을 제시하고 지점별 개선계획을 반영하였다.

노인보행사고 다발지점 개선사업에서 대상 지역의 유형을 전통시장 지역과 대중교통 밀집지역으로 구분하여, 전통시장 지역에서는 동대문구 청량리 청과물시장과 동작구 성대시장을 대상 지역으로 하였고, 대중교통 밀집 지역에서는 지하철 1호선과 경의중앙선, 분당선이 교차하는 청량리역, 지하철 4호선의 미아역 주변, 성신여대입구역 주변, 길음역 주변과 지하철 5호선의 영등포시장 교차로 주변 등을 대상 지역으로 선정하여 각각 사업 시행계획을 수립하였다.

[표 3.14] 개선사업의 기본방향

구분	유형	특징	개선방향
청량리 청과물 시장	전통시장	•보차 혼용 •보행자/차량간 상충 •조업차량/불법 주정차	•보행자/차량 간 분리
성대시장	전통시장		
청량리역	대중교통 밀집지역(1호선, 경의중앙선, 분당선)	•보행자 무단횡단 •이면도로 진출입부 횡단보도 부재 •차량 통행 속도 저감 필요	•교통정온화기법 적용 - 고원식 교차로/ 고원식 횡단보도 - 방호 울타리 설치 - 볼라드 설치 - 내민보도 설치 (curb extension)
미아역 주변	대중교통 밀집지역(4호선)		
성신여대 입구역 주변	대중교통 밀집지역(4호선, 우이신설선)		
길음역 주변	대중교통 밀집지역(4호선)		
영등포시장 교차로	대중교통 밀집지역(5호선)		

주) 서울시 가로 설계관리 매뉴얼(서울시, 2017)

[그림 3.38] 사례별 개선예시

5.2 지점별 개선계획

동대문구 '청량리 청과물 도매시장'을 비롯하여 동작구 성대시장, 강북구 미아역, 영등포구 영등포시장 교차로 등에 대한 개선계획에서는 대상지역의 교통특성, 보행특성, 토지이용 특성 등을 고려하여 통행속도 저감과 보행안전 확보 관점에서 일방통행제, 고원식 횡단보도, 교차로 구간 이질포장, 교차로 진입부 내민보도(curb extension), 미끄럼 방지 포장, 볼라드 설치, 교통섬 확장 등을 반영하여 보행 안전을 도모하였다.

1. 청량리 청과물 도매시장

검토안(단기안 2019년)

① 유효 보행공간 최소 2.75m 확보(차도축소를 통한 보도 신설 1.0m, 기존 보도 상 상가건물 정비 최소 1.75m)
  ※ 유효 보행공간 보도 재포장
② 보도-차도간 경계지점 방호울타리 설치(일부 조업공간 제외)
③ 청과시장 입구(왕산로) 고원식 횡단보도 설치
④ 보도상 불법점유 방지 시설 일부 설치 ※ 동대문구-청량리 시장 상인회와 MOU체결

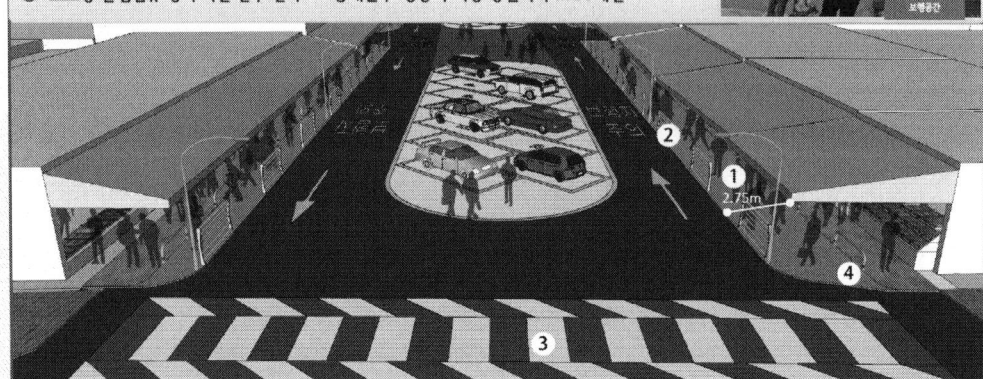

1. 청량리 청과물 도매시장

검토안(장기안 2023년 ~)

① 일방통행으로 변경
② 평행주차로 변경 후 주차면수 축소 : 39 → 26면
③ 유효 보행공간 최소 5.75m 확보 : 차도축소를 통한 보도신설 4.0m, 기존 보도 상 상가물건 정비 최소 1.75m
  ※ 유효 보행공간 보도 재포장
④ 보도-차도 간 경계지점 방호울타리 설치(일부 조업공간 제외)
⑤ 청과시장 입구(왕산로) 고원식 횡단보도 설치
⑥ 보도 상 불법점유 방지 시설 일부 설치

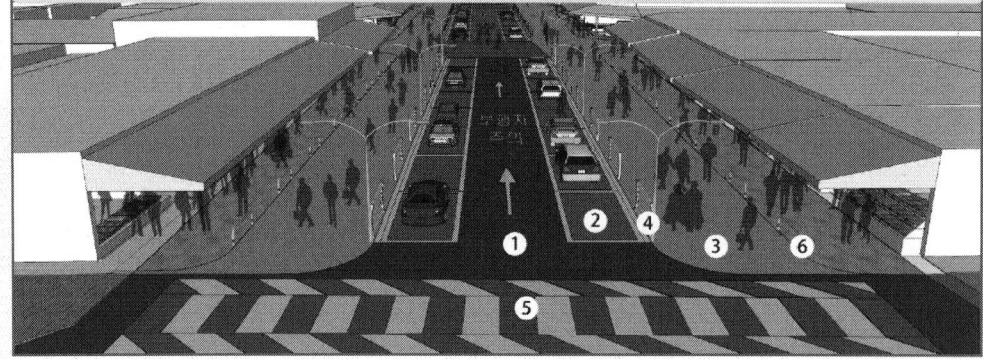

2. 성대시장길

4. 미아역 주변

6. 보행환경 개선사업의 효과

　지금까지 살펴본 국외·내의 보행환경 개선사업의 특성을 요약하면, 먼저 네덜란드의 '본엘프(woonerf)'는 차량으로부터 생활도로 주변 주민들을 안전하게 보호하고 가로공간의 공공성을 높이기 위한 세계 최초의 보행환경 개선사업으로서 사람과 자동차가 노면을 공유할 수 있는 도로를 의미한다. 본엘프로 지정된 구역에서 보행자는 가로의 모든 횡단면을 이용할 수 있지만, 차량은 보행자의 보행속도보다 빨리 달릴 수 없으며 주차도 지정된 곳에서만 가능하다. 본엘프 구역의 입구는 진입부를 다르게 설계하여 진입하는 운전자가 대상구역을 인식하고 감속을 하도록 유도하고, 보차혼용도로에서는 경계석을 제거하여 운전와 보행자가 동등한 높이에서 통행하게 한다.

　'홈 존(home zone)'은 영국에서 시행하고 있는 보행환경 개선사업으로 네덜란드의 본엘프에 기반을 두고, 보행자와 차량의 이동과 함께 커뮤니티 활동 등 다양한 사회활동을 강조하고 있다. 홈 존의 주요 설계내용은 과속방지턱, 고원식 교차로, 시케인 등 기법과 주차면 정비, 차량통행 제한, 식재, 놀이기구, 벤치 등이 있다.

'존 30'은 보행자의 보행권을 확보하고 안전하고 쾌적한 보행환경 조성을 위해 차량의 최고속도를 30km/h로 제한하는 지구단위 생활권역으로 본엘프에 비해 범위가 넓으며 사업목적이 비용을 최소화하면서 차량의 통행속도를 낮추는 것이다. '본엘프'가 특정한 도로구간을 대상으로 사업이 이루어지는 데 비해 '존 30'은 범위를 넓혀 주택가 전체를 대상으로 하며, 속도제한 표시와 과속방지턱 등 물리적 속도저감시설이 설치되지만, 본엘프처럼 다양한 시설을 고려하지 않는다.

'커뮤니티 존(community zone)'은 일본에서 도입한 커뮤니티 도로의 개념을 확대한 것으로 도로구간뿐만 아니라 네트워크와 면(面) 차원에서 보행자 통행을 우선하는 지구를 지정하고 관리하는 개념이다. 커뮤니티 존에서는 보행자의 안전성, 쾌적성, 편의성 향상을 위한 면 차원의 종합적인 교통대책을 주거환경정비사업, 연도환경정비사업 등 가로환경정비사업과 연계하여 조성한다. 커뮤니티 존의 설계는 존 내부를 통과하는 교통량을 최대한 억제하고 차량의 통행속도를 감소시켜 보행자와 어린이, 장애인, 고령자 등 교통약자의 안전성을 확보하는 데 역점을 두며 존 내부에서 불법주차와 부적절한 도로 점용을 억제한다.

'보행환경 개선사업'은 '걷고 싶은 거리 만들기 사업'이 1990년대 서울시를 시작으로 전국으로 전파되었으며, 덕수궁 길, 인사동 길 등을 보행친화거리로 조성하여 토요일, 일요일을 '차 없는 거리'로 운영하였지만 특정한 도로구간을 대상으로 선적인 정비에 치중한 경향이 있어 생활권역을 대상으로 하는 네트워크 차원의 보행환경 개선사업이 2007년부터 추진되었다.

보행우선구역은 보행자가 차량보다 우선권을 갖는 보행자 우선도로가 주요 시설과 장소를 연결하는 보행자 중심의 생활구역으로 보행자가 안전하고 편리하며 쾌적하게 활동할 수 있도록 선(線) 차원의 도로구간을 면(面) 차원으로 확대한 것이다. 이러한 보행환경의 개선과 관련한 국내외의 사업을 요약하면 다음과 같다.

[표 3.15] 국내외 보행환경 개선사업의 개념과 적용사례

구 분	개 념	적용사례
본엘프(네덜란드)	living yard 개념으로 차량으로부터 사람을 안전하게 보호하고 가로와 생활공간의 질을 향상	-주거지역, 상업지역, 학교주변, 철도역사 주변 등
홈 존(영국)	생활도로 공간에서 보행자와 차량의 이동뿐만 아니라 다양한 사회활동을 배려	-그리니치 뎁포드, 킹스턴 카벤디시 등
커뮤니티 도로(일본)	주거환경, 연도환경 정비사업과 관련하여 보행자 안전을 확보하는 기법을 도로구간에 적용하여 도로의 커뮤니티를 향상	-오사카 나가이케초, 나가요시 거리 등
커뮤니티 존(일본)	존 내부를 통과하는 교통량을 최대한 억제하고 보행자의 안전성을 높이기 위해 대상구역을 면 차원으로 확대	-호우신지구, 쿠마니시 아오야마 지구 등
걷고 싶은 거리	거리의 주인인 사람들이 편안하게 걷고 자주 찾고 싶은 거리로 만들어 활력있는 거리로 조성	-홍대 앞 거리, 효창공원 길 등
보행우선구역	보행자가 차량보다 우선권을 갖는 보행자 우선도로가 주요시설과 장소를 연결하는 면 차원으로 확대	-마포구 도화동, 노원구 하계동 등

주) 보행교통의 이해(한상진 외)

　네덜란드 본엘프 사업의 개선효과 관련 연구에 따르면 개선사업 지역에 거주하는 주민의 2/3가 사업 시행 후, 통행차량의 속도가 낮아진 것으로 인식하고 있으며, 이러한 속도감소는 교통사고 감소로 이어져 특히, 보행자 관련사고 감소에 큰 효과가 있는 것으로 분석되었다. 전체적으로 교통량이 12% 감소하였고 통행속도가 13~25km/h 수준으로 낮아진 것으로 나타났다.
　홈 존의 경우, 주거지역 주변의 도로경관 개선, 차량 통행속도 감소, 통과교통량 감소, 보행자 사고 감소, 대기오염과 소음 감소, 범죄위험 감소와 함께 특히, 사업지구에서 사회적 커뮤니티 활동이 활발해진 것으로 나타났다.
　커뮤니티 존 사업에서는 전반적으로 통과교통의 통행속도 억제로 통행속도가 30% 정도 감소하였고, 사업지구 내 보행 안전성 제고로 교통사고 발생 건수가 50% 이상 줄어든 효과가 나타난 것으로 분석되었다.
　보행우선구역 사업에서도 전반적으로 긍정적인 효과가 나타나고 있으며, 서

울시 마포구 도화동의 시범사업에서는 차량의 평균 통행속도가 사업의 시행 전, 25km/h에서 시행 후, 15km/h로 감소하였고 교통사고 중상자 수는 60%, 교통사고 건수는 50% 수준으로 줄어드는 효과를 나타내었다. 그 밖의 시범사업 지구에서도 전반적으로 통행속도 저감, 통과교통량 감소, 교통사고 감소, 가로환경 개선, 생활환경 개선 등 긍정적인 효과가 나타난 것으로 분석되고 있다.

[표 3.16] 국내외 보행환경 개선사업의 효과

구 분	적 용 효 과
본엘프	본엘프 구역의 차량 교통량은 전체적으로 12% 감소하였고, 통행속도는 13~25km/h로 적용되지 않은 도로에 비해 낮게 나타났으며, 교통사고 발생 건수는 50% 정도 낮은 수준임 전반적으로 가로환경, 생활환경이 개선되어 주민들의 만족도가 높아짐
홈 존	차량 통행량은 25~40% 수준으로 감소, 통행속도는 3.2~16.3km/h 수준으로 감소함 홈 존 사업 이후, 주변도로의 경관이 개선되었으며 범죄로부터 안전하고 교통안전이 향상되었고 사회활동에 대한 만족도가 높아짐
커뮤니티 존	도쿄 미타카시 카미렌자쿠 지구 사업에서 보면, 통행 차량의 평균 통행속도가 43km/h에서 30km/h로 감소하였으며, 교통사고 발생 건수가 평균 31건에서 14건으로 감소함 선적인 커뮤니티 도로에서 면적인 커뮤니티 존으로 확대되어 보행자 안전, 가로환경, 생활환경 측면의 시너지 효과가 발생하고 있음
보행우선구역	통행 차량의 평균 통행속도가 25km/h에서 15km/h로 대폭 감소하였고, 교통사고 중상자 수 60%, 사고 건수 52%가 감소함 시범사업구역에서 전반적으로 통행속도 저감, 통과 교통량 감소, 가로환경 개선 등 긍정적 효과가 나타나고 있는 것으로 분석됨

주) 보행교통의 이해(한상진 외), 커뮤니티 존 실천매뉴얼(일본 교통공학연구회)

[그림 3.39] 서울시 종로구 보행자 우선도로, 서촌

4
CHAPTER

교통정온화기법

1. 용어의 정의

교통정온화기법에 관련된 용어는 '교통약자의 이동편의 증진법, 어린이보호구역 개선사업 업무편람, 교통정온화시설 설치 및 관리지침' 등과 해외 적용사례를 등을 중심으로 비교·검토할 수 있으며, 「교통약자의 이동편의 증진법」에서 제시된 용어를 중심으로 정리하면 다음과 같다.

- "**교통정온화**"란 통과교통을 억제하고, 주행속도를 낮추기 위하여 도로와 교통 측면의 물리적·제도적 기법을 반영함으로써 보행자 안전과 쾌적한 생활환경, 편안한 가로환경을 확보하는 것을 말한다.
- "**생활도로**"란 접근성이 가장 높은 도로로서 일상생활과 직결되고 비신호로 운영되며 도로의 기능과 규모를 고려하여 국지도로에 둘러싸인 지구의 구획 내 도로를 말한다.
- "**물리적 기법**"이란 유형의 시설물 설치를 통하여 통과교통의 억제 및 자동차의 감속을 유도하는 교통정온화 기법을 말한다.
- "**제도적 기법**"이란 법적 규제를 통하여 자동차의 감속 및 통행을 제한하는 교통정온화 기법을 말한다.
- "**속도저감시설**"이란 수직 단차를 이용하거나 평면선형의 변화를 통하여 자동차의 감속을 유도하는 교통정온화 시설을 말한다.
- "**과속방지턱**(speed hump)"이란 일정 도로구간에서 통행차량의 과속주행을 방지하고, 일정 지역에 통과차량의 진입을 억제하기 위하여 설치하는 시설을 말한다.
- "**소형 과속방지턱**(speed cushion)"이란 과속방지턱과 동일하게 도로에 임의의 턱을 주어 감속을 유도하는 시설로서, 턱의 폭을 좁게 하여 차축이 넓은 차량의 통행에 유리하게 설치하는 시설을 말한다.
- "**시케인**(chicane)"이란 도로의 평면선형에 곡선 또는 직선으로 굴곡을 주어 자동차의 감속을 유도하는 시설을 말한다.
- "**차로폭 좁힘**(choker)"이란 자동차의 통행 폭을 시각적 또는 물리적으로 좁게 하여 자동차의 감속을 유도하는 시설을 말한다.
- "**고원식 교차로**(raised intersection)"란 교차로 전체를 높여주어 교차로 부근에서 자동차의 감속을 유도하는 시설을 말한다.
- "**교차로 폭 좁힘**(bulb out)"이란 교차로 부분이나 교차로 진입부의 보

도 부분을 돌출시키거나 말뚝, 식재 등을 이용하여 차도 부분의 폭을 좁혀 자동차의 감속을 유도하는 시설을 말한다.

- "**노면요철포장**(textured pavement)" 이란 잠재적인 위험을 지닌 구간의 노면에 인위적인 요철을 만들어 차량이 통과할 때 타이어에서 발생하는 마찰음과 차체의 진동을 통하여 운전자의 경각심을 높임으로써 자동차의 감속을 유도하는 시설을 말한다.
- "**엇갈림 교차로**(realigned intersection)" 란 교차로에서 굴곡구간을 조성하여 자동차의 감속을 유도하는 시설을 말한다.
- "**트래픽 서클**(traffic circle)" 이란 교통정온화 구역 내 교차로에 설치되는 원형의 교통섬을 말하며 주로 직진교통량의 속도 저감을 목적으로 설치한다.
- "**고원식 횡단보도**(raised crosswalks)" 란 보행자 횡단보도를 자동차가 통과하는 도로면보다 높게 하여 자동차의 감속을 유도하는 시설을 말한다.
- "**교차로 진입부 고원식 횡단보도**" 란 도로구간에 고원식 횡단보도와 마찬가지로 교차로 진입부에서 부도로로 진입하거나 주도로로 진출하는 자동차의 감속을 유도하는 시설을 말한다.
- "**보행섬식 횡단보도**(pedestrian refuge crosswalks)" 란 도로의 중앙에 횡단을 위한 일시적인 대기장소인 보행섬을 둔 횡단보도를 말한다.
- "**통행차단**" 이란 교차로에 물리적 시설을 설치하여 일정한 방향으로 차량의 통행을 차단하는 기법을 말한다.
- "**볼라드**(bollard)" 란 차량의 통행을 차단하고 차량으로부터 보행자를 보호하기 위하여 도로나 보도에 설치하는 시설을 말한다.
- "**포트**(fort)" 란 도로 바깥쪽이나 중앙에 차로 폭을 좁히기 위하여 녹지를 조성한 교통섬을 말한다.
- "**최고속도 규제**" 란 자동차의 최고 주행속도를 일정 속도 이하로 제한하여 교통사고 발생을 억제하는 교통정온화의 제도적 기법을 말한다.
- "**수평적 기법**" 이란 도로의 선형을 좌우로 변화시키거나 차로폭의 변화를 주어 운전자가 방향 전환에 불편함을 느끼도록 하고, 시각적 효과를 통하여 속도저감을 유도하는 기법으로 시케인, 차로폭 좁힌 등이

있다.
- **"수직적 기법"** 이란 시설물 설치를 통한 도로면의 수직단차를 이용하여 속도저감을 유도하는 기법으로 과속방지턱, 고원식 횡단보도 등이 있다.
- **"보행자전용도로"** 란 보행자만 다닐 수 있도록 안전표지나 그와 비슷한 인공구조물로 표시한 도로를 말한다. (도로교통법 제2조)
- **"자전거보행자겸용도로"** 란 자전거와 보행자만 다닐 수 있도록 안전표지나 그와 비슷한 인공구조물로 표시한 도로를 말한다.
- **"일시정지 규제"** 란 통행우선권을 명확히 해야 하는 도로에서 일시정지 규제표지를 설치하여 주의 주행을 하도록 하는 제도적 기법을 말한다.
- **"경관시설물"** 이란 교통정온화의 기능을 하고 있으면서 경관디자인 기법이 적용된 시설물을 말한다.
- **"교차점"** 이란 교차로의 식별을 위하여 교차로의 존재 및 형상을 나타내는 노면표시를 말한다.
- **"정량적 지표"** 란 지표를 기준이나 수식에 따라 양적으로 수치화한 것을 말한다.
- **"정성적 지표"** 란 지표에 대한 명백한 기준은 없으나 질적으로 평가하는 것을 말한다.
- **"교통정온화구역"** 이란 통과교통을 억제하고 차량의 주행속도 저감을 통하여 안전한 보행환경, 쾌적한 생활환경, 편안한 가로환경이 확보된 보행자를 우선하는 구역을 말하며, 존 30과 보행우선구역을 포함한다.
- **"존 30(Zone 30)"** 이란 교통정온화구역 내 최고속도를 30km/h 이하 규제하는 구역을 말한다.
- **"보행우선구역"** 이란 차량보다 보행자의 안전하고 편리한 통행을 우선하도록 보행환경을 조성한 구역으로 보행자의 주요 통행경로가 구역 내 주요시설과 장소를 유기적으로 연결하는 보행자 중심의 생활구역을 의미한다.
- **"보차공존도로"** 란 보행자와 차량이 함께 사용하는 도로이지만 보행자의 안전성이 더 배려되는 도로를 말하며, 보행이 활발한 주거지역, 상업지역 등에서 주행속도, 교통량, 노상주차 등의 억제시설을 설치하여

보행자의 안전을 보장하면서 차량통행을 제한적으로 허용하는 도로형태이다.
- "보차분리도로" 란 교통량이 많은 지역에 보도와 차도의 물리적 경계를 설치하여 보행자의 안전성을 확보하는 도로를 말한다.
- "보행자우선도로" 란 차보다 사람이 우선하는 도로, 보행자에게 통행 우선권을 두어 운전자는 보행자와 안전거리를 유지하고 보행자 통행에 방해가 되면 서행하거나 일시정지를 하는 도로를 말한다.

2. 교통정온화기법의 분류

교통정온화에 적용되는 기법은 크게 통과교통의 억제 및 속도제한을 위한 물리적 기법과 교통규제에 의한 제도적 기법으로 나눌 수 있으며, 교통정온화기법의 시행에 있어서는 물리적 기법과 제도적 기법을 적절하게 조합하여 동시에 시행되어야 설치 효과가 증대될 수 있다.

교통정온화기법은 운영사례를 통하여 안전성 등 적용성과 효과가 이미 검증이 되었으며, 도로교통의 선진국인 유럽 및 미국, 일본 등 전 세계적으로 전파되어 사업화되고 있으므로 한국형 교통정온화는 도로의 기능에 따라 지역과 교통 특성에 맞도록 적용성 측면에서 접근해야 할 것이다.

물리적 기법은 속도저감시설, 횡단시설, 기타시설 등으로 구분되며 과속방지턱, 고원식 횡단보도, 고원식 교차로, 지그재그 형태 도로, 차로폭 좁힘, 통행차단, 볼라드 등 다양한 기법이 있다.

교통규제에 의한 제도적 기법은 최고속도 규제, 차량통행 규제, 주차규제, 통행방향 지정 등이 있으며, 가로부와 교차부로 구분하여 물리적 기법과 적절한 조합에 따른 설치를 통하여 그 효과를 증대시킬 수 있다.

[표 4.1] 물리적 기법의 종류와 개요

시설명	용어		개요
속도 저감 시설	고원식 교차로	Raised Intersection	• 교차로상의 전체지역이나 접근로를 도로면보다 높게 하여 교차로에서 차량의 감속을 유도
	시케인	Chicane / Crank / Slalom	• 운전자의 빈번한 방향조작을 유도함으로써 주행속도를 낮추기 위한 시설
	차로폭 좁힘	Choker	• 주행속도 저감을 위해 물리적 또는 시각적으로 차로 폭을 좁게 함
	교차로 폭 좁힘	Pinch Point	• 교차로상의 연석 부분을 확장하여 도로의 폭을 줄이는 방법, curb extention
	노면요철 포장	Rumble Devices	• 노면을 작은 요철 형태로 포장하여 진동과 소음을 통해 운전자의 주의를 환기시켜 속도저감을 유도
	과속방지턱	Speed Hump	• 도로를 횡단해서 도로의 높이(평면)보다 높게 만든 지형으로 사다리꼴 과속방지턱, 원호형(활꼴) 과속방지턱, 이미지 과속방지턱, speed cushion 등
	회전교차로	Roundabouts	• 교차로 중앙에 원형의 섬을 설치하여 차량이 순환하여 통행하도록 설치
	엇갈림 주차	Alternate Parking	• 주차구획을 지그재그로 배치하여 도로를 S자 형으로 굴곡을 줌
	엇갈림 교차로	Realigned Intersection	• 교차로에서 굴곡 구간을 조성하여 감속 유도
	통행차단	Median Barriers Diagonal Diverters	• 교차로에서 특정방향 차량의 통행을 제한
횡단 시설	고원식 횡단보도	Raised Crosswalks	• 차로 노면에 사다리꼴 모양의 횡단면을 갖는 형태로 설치
	보행섬식 횡단보도	Pedestrian Refuge Crosswalks	• 도로 중앙에 횡단을 위한 일시적인 대기 장소를 두고 설치한 횡단보도
기타 시설	교통 안내시설	Traffic Signs	• 보행자에게 정보를 제공하기 위한 안내표지판으로 보행자 안내표지판, 보행자 방향 안내표지판, 보행우선구역 안내표시 등
	보행자 우선통행 신호기	Manual Signals	• 보행자가 우선 통행할 수 있도록 녹색신호 변경 버튼 설치 • 램프 점등이나 신호음 장치와 함께 설치 (보행자 작동 신호기)
	볼라드	Bollard	• 보도 상에 주차와 진입을 방지하기 위해 설치

과속방지턱(hump)

지그재그 형태 도로(chicane)

도로폭 좁힘(choker)

초소형 회전교차로

[그림 4.1] 물리적 기법의 적용사례

[표 4.2] 제도적 기법의 종류와 개요

대상	기법	개요
가로부	대형차 통행금지	• 가로환경 보전을 위해 특정 노선 또는 지구에 일정한 기준 이상의 대형차 운행을 금지
	보행자용 도로규제	• 보행자 전용도로로 자동차를 배제하고 보행자 등을 최우선으로 하는 도로에 설치
	주차금지 규제	• 노상주차 차량을 관리권역에서 배제할 필요가 있을 때 주차금지 규제를 시행
	일방통행 규제	• 원활한 자동차 통행을 목적으로 폭이 좁은 도로에 통행방향을 제한
	시간제 주차규제	• 단기 주차수요가 있는 도로에 노상 주정차 공간을 지정하고 시간제 주차규제를 시행
	최고통행속도 규제	• 보행자의 통행위험을 감소하고 어린이, 노약자 등 교통약자를 보호하기 위해 규제를 시행

대상	기법	개요
교차부	통행방향 지정	•교차로에서 특정 방향을 지시해서 일방통행 도로의 역주행이나 통행금지 구역 진입을 방지하고 차량 흐름을 제어해서 통과교통을 배제
	일시정지 규제	•교차로에서 주의운행을 환기시켜 교통사고 감소를 목적으로 시행
	교차로 표시	•주택지 이면도로에서 신호가 없는 교차로를 식별하기 어려울 때 교차점에 교차로의 존재와 형상을 표시
기타	30km/h 최고속도 규제	•최고속도 규제를 네트워크 전체에 적용하여 복수의 도로에서 속도 규제로 지정하는 것

최고속도 규제

진입금지 규제

일방통행 규제

노면표시 주차규제

[그림 4.2] 제도적 기법의 적용사례

3. 물리적 정온화기법

(1) 과속방지턱(Speed Hump)

과속방지턱이란 수직적 단차를 이용하여 일정 도로구간에서 통행차량의 과속 주행을 방지하고, 일정 지역에 통과 차량을 억제하기 위하여 설치하는 시설을 말한다. 과속방지턱은 속도의 제어라는 기본기능 외에 통과교통량 감소, 보행자 공간 확보, 노상주차 억제와 같은 부수적인 기능도 가지고 있다. 형태에 따라 원호형 과속방지턱, 사다리꼴 과속방지턱 등의 형식이 있으며 넓은 의미의 과속방지시설로는 범프(bump), 쿠션(cushion), 플래토(plateau) 등이 포함된다.

「도로법」 제8조에 따른 도로에서 「도로의 구조·시설 기준에 관한 규칙」 제3조의 집산도로 또는 국지도로에 적용하며, 가장 적극적인 속도저감 기법인 특징을 고려하여 교통정온화 지구의 30km/h(Zone 30) 규제구역 및 보행우선구역 등에 강력한 수직적 기법의 하나로 적용할 수 있다.

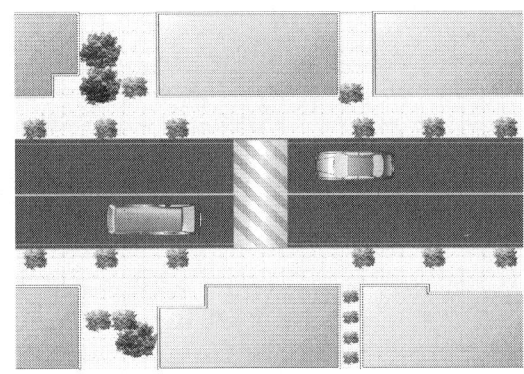 

[그림 4.3] 과속방지턱 설치 개념도 및 설치사례

과속방지턱은 형상에 따라 원호형 과속방지턱, 사다리꼴 과속방지턱, 가상 과속방지턱 등으로 구분할 수 있고, 원호형 과속방지턱은 과속방지턱 상부면의 형상이 원호(圓弧) 또는 포물선인 과속방지턱이며 사다리꼴 과속방지턱은 과속방지턱 상부면의 형상이 사다리꼴인 과속방지턱이다.

볼록 원호형 과속방지턱(종단방향)　　볼록 사다리꼴 과속방지턱(종단방향)

[그림 4.4] 과속방지턱의 형상별 분류

원호형 과속방지턱은 설치 길이 3.6m, 설치 높이 10cm로 한다. 단, 국지도로 중 폭 6m 미만의 소로 등에서 표준규격이 적용지역의 여건으로 보아 크다고 판단될 때는 설치 길이 2.0m, 설치 높이 7.5cm를 적용할 수 있다.

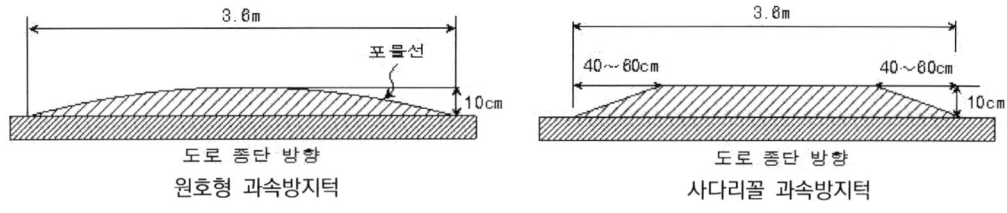

[그림 4.5] 과속방지턱의 형상 및 제원

사다리꼴 과속방지턱의 일종인 스피드 테이블(speed table)은 상부면의 질감을 이질화할 수 있으며 차량의 승차감을 위해 주로 자동차의 네 바퀴가 모두 올라설 수 있을 정도의 길이 6.7m(ITE, Institute of Transportation Engineers, USA 기준) 이상을 확보하여야 하는데 스피드 테이블은 고원식 횡단보도로 사용할 수 있는 장점이 있다.

'교통정온화기법 적용기준에 관한 연구'(국토교통과학기술진흥원, 2014)에서 어린이보호구역, 보행우선구역, 생활도로구역 등 국내 도로특성 및 운전특성을 고려하여 제한속도를 30km/h로 유지하기 위한 연속형 과속방지턱의 설치간격에 대해 산정 실험을 수행한 연구 결과, 연속형 과속방지턱 최소 설치 간격은 20m로 나타났으며, 속도와 설치 간격과의 관계식은 다음과 같다.

$$V_{85} = 0.1031S + 27.9131$$

여기서, V85=85% 속도(km/h), S=과속방지턱의 설치 간격(m)

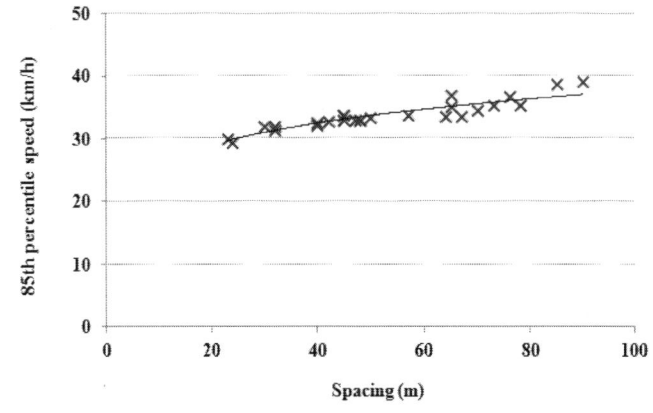

[그림 4.6] 연속형 과속방지턱 최소 설치 간격 산정 결과

연속형 과속방지턱은 2개 이상의 과속방지턱을 연속적으로 설치하여 속도저감 효과를 극대화하기 위한 것으로 최대 설치 간격은 차량이 첫 번째 과속방지턱을 통과할 때와 두 번째 과속방지턱을 통과할 때의 감속도 차를 이용하여 산정한다.

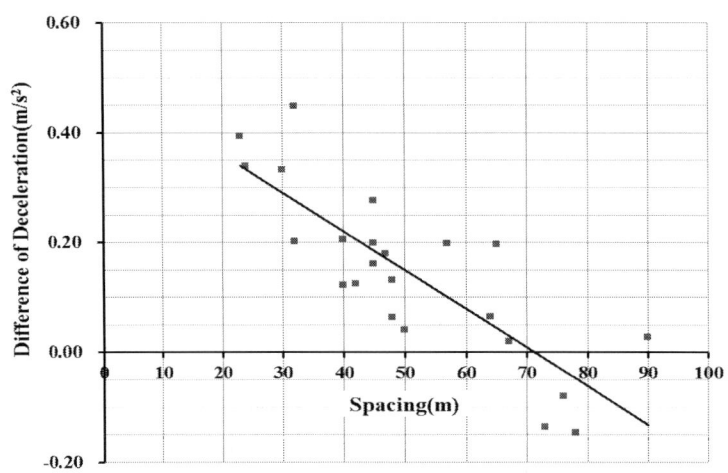

[그림 4.7] 감속도 차를 이용한 연속형 과속방지턱 최대 설치 간격 산정

실험 결과 설치 간격이 커질수록 감속도 차이가 줄어들고 설치 간격 70m를 경계로 감속도 값의 차이가 거의 발생하지 않으므로 연속형으로서 효과를 얻기 위한 최대 설치 간격은 70m로 나타나고 있다.

그러므로 연속형 과속방지턱은 20~70m의 간격으로 설치함을 원칙으로 하며, 해당 구간에서 목표로 하는 일정한 주행속도 이하를 유지할 수 있도록 해당 도로의 도로교통 특성과 설치 위치 등을 고려하여 합리적인 설치가 이루어지도록 한다.

(2) 시케인(Chicane)

시케인(chicane)은 「교통약자의 이동편의 증진법」 제21조에 정의된 속도저감 시설로 도로교통의 안전 증진을 도모하고 교통사고를 예방하기 위하여 설치하는 수평적 시설이다. 시케인은 도로를 지그재그 형태의 평면선형으로 형성하는 것으로 시야에 제약이 없는 직선구간보다 시각적으로 도로가 굽어 있음을 보여주고, 운전자의 주행 경로를 변경하도록 유도함으로써 속도저감 효과와 통과교통량 억제 효과를 가진다.

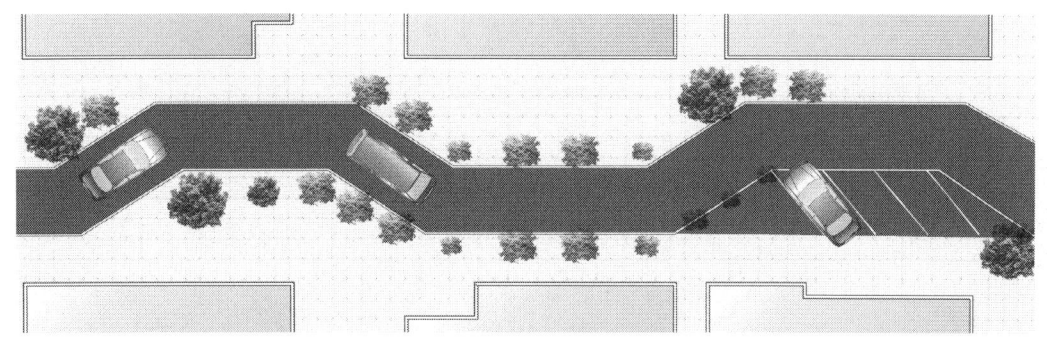

[그림 4.8] 시케인 개념도

크랭크형(Crank)

슬라롬형(Slalom)

[그림 4.9] 시케인 설치사례

시케인은 형상에 따라 크랭크(crank)형과 슬라롬(slalom)형으로 구분할 수 있다. 크랭크형은 직선적인 선형을 변화시켜 차도를 굴절시키는 것으로 도로가 굴곡되어 보이는 정도가 크기 때문에 속도저감 효과가 크다. 반면, 슬라롬형은 곡선으로 도로의 굴곡을 형성하는 것으로 도로의 굴곡이 자동차의 최소 회전반지름에 근접할수록 속도억제 효과가 크지만, 좌우 전환을 크게 하여 여유롭게 굴곡을 형성하여도 속도억제 효과가 크므로 폭원이 큰 도로에서 고려한다.

크랭크형(Crank)

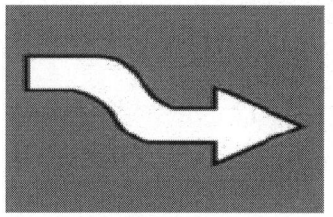
슬라롬형(Slalom)

[그림 4.10] 시케인의 종류

다음의 그림은 시케인의 속도 억제에 영향을 주는 기하구조 요소를 나타낸 것으로 기호 x는 시케인의 횡방향 변이(shift)를 나타내는 값이며, 일반적으로 횡방향 변이폭이 클수록 감속효과는 커진다.

x는 돌출부의 폭에서 차도폭을 뺀 값으로 x가 음수값(-)을 갖는 경우는 운전자의 전방 시야가 장애물에 의하여 가려지지 않고 확보된 경우이다. 국외 기준(コミュニテイゾン形成マニュアル, 커뮤니티 존 형성 매뉴얼, 交通工學硏究會, 1996)은 횡방향 변이폭이 1.0m 정도일 경우 속도억제 효과는 높아지지만, 넓은 도로 폭원이 필요하게 되며 설계에 반영할 때는 도로축 방향의 시야가 트인 경우에 x를 0m로 하는 것이 타당하다고 제시하고 있다.

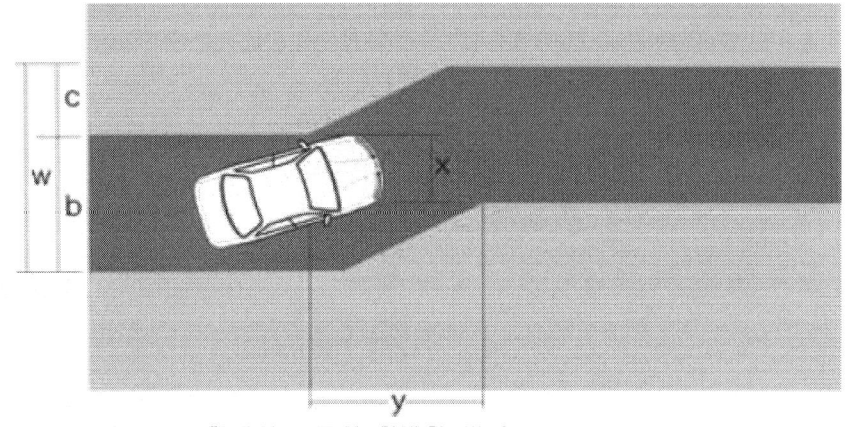

x: 지그재그 형태의 도로의 횡방향 변이
y: 지그재그 형태의 도로의 종방향 변이
c: 돌출부의 폭
b: 차도폭원
w: 지그재그 형태의 도로 총폭원
x=c-b로 그림과 같이 도로 축방향의 시야가 트인 경우는 x<0이 됨.

[그림 4.11] 시케인 굴곡구간 기하구조 개념도

시케인을 계획할 때는 해당 구간을 통과할 것으로 예상되는 자동차의 회전반지름을 고려하여 기하구조 제원을 결정한다. 특히, 긴급자동차의 통행에 대한 배려가 필요하며 도로 폭에 여유가 없는 경우는 긴급자동차가 연석을 넘어 통행할 수 있는 구조로 하거나 가변형 볼라드(비상시 지주를 지면 높이로 낮출 수 있는 구조)의 설치를 고려할 수 있다. 굴곡구간에서는 야간 시인성의 확보가 중요하며, 보행자의 차도 횡단이 빈번할 것으로 예상되는 구간에는 조명시설을 설치하는 등 보행자나 자전거의 존재가 쉽게 인지될 수 있는 환경을 조성한다.

(3) 차로폭 좁힘(Choker)

차로폭 좁힘(이하 '폭 좁힘')은 포트(fort), 교통섬, 보도 확장 등 물리적인 시설물을 설치하거나 노면표시를 이용하여 차로폭을 물리적 또는 시각적으로 좁게 하여 자동차의 감속을 유도하는 기법으로써 과속방지턱과는 달리 도로의 횡단면에 변화를 주어 감속을 유도하는 수평적 기법이다.

자동차는 도로의 폭이 줄어들어 대향 자동차와 교행할 때 접촉사고의 가능성을 의식하여 감속하게 된다. 폭 좁힘은 저비용으로 설치할 수 있다는 장점이 있으나 운전자가 폭 좁힘에 익숙해지면 다시 속도를 높이는 경우가 발생할 수 있으므로 과속방지턱, 노면요철 포장, 시케인 등을 조합하여 감속 효과를 증대시키는 방안을 생각한다.

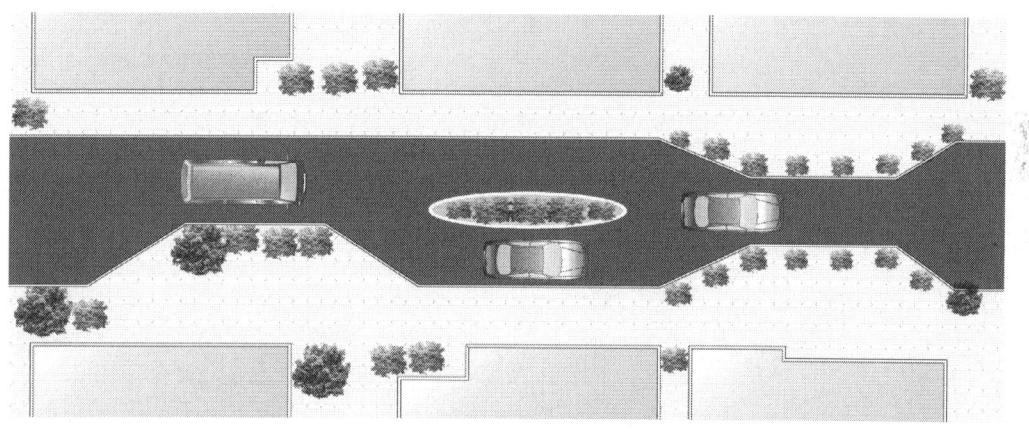

[그림 4.12] 차로폭 좁힘 개념도

[그림 4.13] 차로폭 좁힘 설치사례

폭 좁힘은 「도로의 구조·시설 기준에 관한 규칙」에서 규정하는 설계기준자동차의 폭을 감안하여 적용하며, 3.0m 이상의 범위로 폭 좁힘을 하는 경우는 감속 효과가 낮을 수 있으므로 다른 속도저감시설과 조합하여 설치하거나 폭 좁힘을 적용한 지점의 간격을 좁힘으로써 감속효과를 유지할 수 있다. 폭 좁힘 구조를 형성하는 방법은 포트(fort) 설치, 보도 확장 등을 다양하게 검토할 수 있다.

폭 좁힘은 크게 외측 폭 좁힘과 내측 폭 좁힘으로 구분할 수 있으며, 외측 폭 좁힘은 차도 가장자리에서 중앙으로 보도 등의 일부구간을 확장한 구조이며, 내측 폭 좁힘은 차도에 교통섬, 포트(fort) 등을 설치하여 폭 좁힘을 시행하는 것을 말한다.

 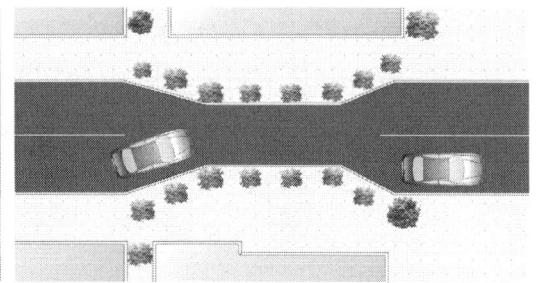

[그림 4.14] 외측 폭 좁힘 개념도 및 설치사례

[그림 4.15] 내측 폭 좁힘 개념도 및 설치사례

폭 좁힘은 일반적으로 보도의 연석을 확장하는 방법, 노면표시를 이용하는 방법 등이 있으며 폭 좁힘 구간의 돌출부에 식재 등을 설치하면 심리적인 압박 효과를 더욱 크게 할 수 있다. 폭 좁힘은 보행자 횡단의 안전과 편의를 제공함과 동시에 자연스럽게 주차공간을 형성하는 기능도 하고 있다.

또한, 폭 좁힘은 보도 연석의 확장으로 보도폭을 넓혀주는 효과뿐만 아니라 도로에 추가적인 공간형성이 가능하게 한다. 폭 좁힘을 위한 보도확장 공간이나 포트(fort)는 식재 등 녹지를 조성하여 친환경적인 공간으로도 활용할 수 있다.

[그림 4.16] 보도 확장 및 포트를 활용한 친환경공간

　폭 좁힘은 형태에 따라 자동차의 통행방법이 달라지므로 통행방법 지시와 관련한 교통안전표지를 적절히 설치한다. 폭 좁힘에 의하여 차도 폭이 좁아지는 부분에서는 통행우선권을 가진 자동차가 우선 통행할 수 있도록 하는 통행우선, 내측 및 외측 폭 좁힘에 따라 양측방통행, 우측면통행, 좌측면통행 등의 교통안전표지를 설치한다.

　폭 좁힘을 시행함으로써 차도 폭이 좁아지면 그 전후에는 자동차의 노상주차가 가능한 공간이 생기게 된다. 만약 노상주차를 허용하지 않을 때는 이 부분에 식재나 보도를 확장함으로써 불법주차를 방지할 수 있다.

　폭 좁힘 지점의 폭이 지나치게 좁은 경우에는 긴급자동차의 통행에 어려움이 발생할 소지가 있다. 이러한 장소에는 소화전을 설치하여 화재 상황에 대비하여야 하며, 고정식 시설물 대신 가동식 볼라드 등 이동이 가능한 시설물을 설치하여 필요할 때 긴급자동차가 통행할 수 있도록 하는 것이 바람직하다.

　또한, 폭 좁힘 지점에서 야간에 시인성을 확보하는 것이 중요하므로 시인성을 확보할 필요가 있는 구간에는 조명을 설치하여 보행자와 자전거 이용자가 쉽게 인지할 수 있도록 한다. 아울러 볼라드를 설치할 때는 말뚝에 반사지를 부착하여 야간의 시인성을 높여야 한다.

(4) 고원식 교차로(Raised Intersection)

　고원식 교차로는 교차로 전체를 높여 주어 교차로 부근에서 자동차의 감속 효과를 유도하는 기법으로, 교차로의 시인성이나 상징성을 기대할 수 있다. 도로의 기능적 위계가 낮은 도로 간의 교차로에서 시인성을 확보할 목적으로 교차부의 포장 색상이나 재질만을 변화시켜주는 방안도 경제적인 대책으로서 고려할 수 있다.

[그림 4.17] 고원식 교차로 설치 개념도 및 사례

고원식 교차로는 자동차의 속도를 줄이기 위한 오르막 경사부와 보행자를 위한 횡단보도부, 교차로 내부의 윗면 평탄부로 구성되며 각 부분은 형상은 다음의 그림을 표준으로 한다.

[표 4.3] 고원식 교차로 관련 기준 비교

구 분	기 준
교통약자의 이동편의 증진법	• 고원식 교차로는 그 전체를 암적색 아스콘 또는 블록포장으로 설치하거나 고원식 횡단보도의 설치방법과 동일한 방법으로 설치할 수 있다.
어린이보호구역의 지정 및 관리에 관한 규칙	• 전체를 암적색 아스콘이나 블록포장으로 설치하며 설치 방법은 험프식 횡단보도와 같은 방법으로 한다.

고원식 교차로의 횡단보도부는 횡단보도 노면표시를 설치하며 오르막 경사면과 교차로 내부의 윗면 평탄부는 암적색 바탕에 오르막 경사면 표시를 한다. 오르막 경사부는 과속방지턱에서 적용한 포물선 형상과 동일하게 처리한다.

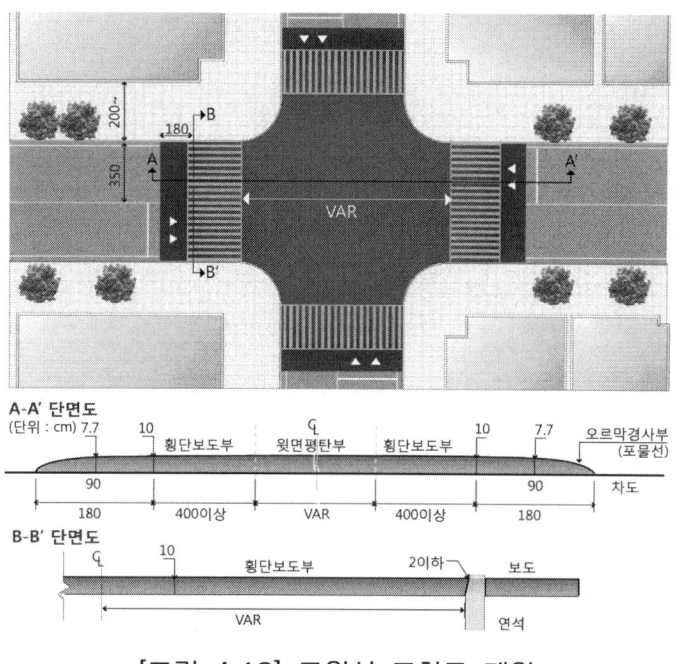

[그림 4.18] 고원식 교차로 제원
주) 보행우선구역 표준설계 매뉴얼 설계편(국토해양부, 2008)

고원식 교차로에서 횡단보도 부분은 가급적 보도와의 높이차를 2cm 이하로 하는 것이 바람직하다. 특히 보도와 차도의 단차가 없이 고원식 교차로를 설치한 경우는 시각장애인 등이 보도와 횡단보도의 경계부를 명확히 인지할 수 있도록 점자블록을 설치한다.

고원식 교차로의 횡단보도 부분을 이용하여 자동차가 보도로 불법 진입하는 것을 방지하기 위해서는 보도 부분에 볼라드 등의 설치를 고려하고, 관련 교통안전표지 및 조명시설을 설치하여 자동차와 횡단 중인 보행자의 안전을 확보하는 것이 바람직하다.

고원식 교차로를 설치하는 곳에는 전후 구간에 배수처리를 고려하여 집중 강우에 대비해야 하며, 동절기 눈, 결빙 등에 의한 미끄러짐에 유의해야 한다.

(5) 엇갈림 교차로(Realigned Intersection)

시케인은 가로구간에서 굴곡구간을 조성하여 자동차의 감속을 유도하는 반면, 엇갈림 교차로는 교차로에서 굴곡구간을 조성하여 감속을 유도하는 기법이다.

[그림 4.19] 엇갈림 교차로 설치 개념도 및 설치사례

아래 그림은 교차로에서 엇갈림 구조를 조성한 경우의 예시도이며, <그림 a>는 十형 교차로에서 엇갈림 교차로를 설치한 경우이며, <그림 b>는 T형 교차로에서 엇갈림 교차로를 설치한 경우이다.

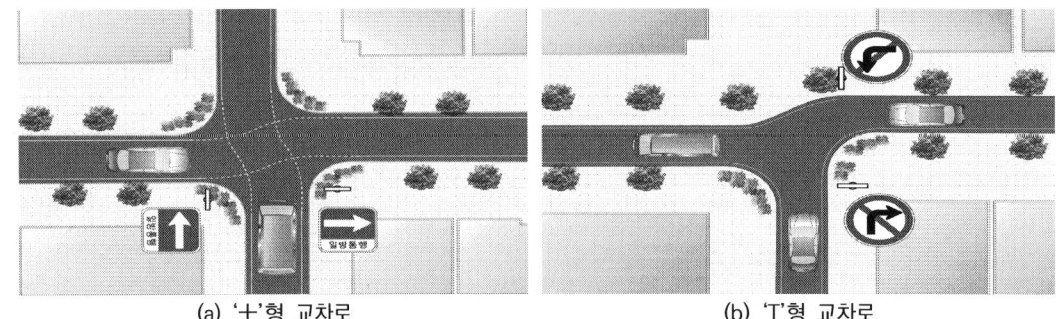

(a) '十'형 교차로   (b) 'T'형 교차로

[그림 4.20] 엇갈림 교차로 예시도

엇갈림 교차로는 통행방식이 양방향 또는 일방향 여부에 상관없이 적용할 수 있으나 최소 차도 폭원이나 모서리 곡선반지름에 대해서는 차이가 있으므로 소방차나 구급차 등 긴급자동차의 통행에 지장이 없을 정도의 폭을 확보할 필요가 있으며, 야간의 시인성을 감안하여 보행자의 횡단이 빈번하게 발생할 것으로 예상되는 구간에는 조명시설을 설치한다.

(6) 회전교차로(Roundabout)

교통정온화기법 적용을 위한 회전교차로는 도로·교통 관점의 개선 측면이 아닌 속도저감과 통과교통량 억제 측면에서 접근하며, 표준적인 회전교차로는 기존 도시지역에 설치하는데 공간적 제약이 있으므로 최근 필요성이 대두되고 있는 초소형 회전교차로 및 트래픽 서클(traffic circle)에 대한 주요 내용은 다음과 같다.

1) 초소형 회전교차로

회전교차로의 유형은 기본유형과 특수유형으로 구분되며, 기본유형은 설계기준자동차 및 진입차로 수에 따라 소형 회전교차로, 1차로형 회전교차로, 2차로형 회전교차로로 구분되며, 설계기준자동차 및 설계속도별 제원을 따른다.

특수유형은 설치 형태에 따라 초소형 회전교차로, 평면형 회전교차로, 입체형 회전교차로로 구분된다. 교통정온화사업을 적용하는 생활도로는 공간의 제약이 있으므로 도로여건 및 기하구조를 고려하여 초소형 회전교차로를 적용하는 것이 바람직하다.

초소형 회전교차로는 평균 주행속도가 50km/h 미만인 도시지역에서 공간이 부족할 때 최소한의 설계제원으로 설치할 수 있다. 또한 도시지역에서 기존 평면교차로를 회전교차로로 전환할 때 부지의 확장이 곤란할 때, 기존 교차로 도로부지를 크게 벗어나지 않고 경제적인 비용으로 설치가 가능한 초소형 회전교차로를 설치할 수 있다.

초소형 회전교차로는 소형 회전교차로보다 작은 규모로 설계할 수 있는 형태로 승용차는 중앙교통섬을 침범하지 않고 통행할 수 있고, 대형차는 중앙교통섬 일부를 침범하여 통행하는 것이 가능하며 이를 위하여 중앙교통섬 전체를 노면표시 또는 완만한 돋움 형태로 처리한다.

[그림 4.21] 초소형 회전교차로 설치 개념도 및 설치사례

초소형 회전교차로의 설치는 '회전교차로 설계지침'(국토교통부, 2022)을 준용하고 회전교차로를 설계할 때 진입차로 수, 설계기준자동차, 회전부 설계속도를 결정하고, 그에 따라 내접원 지름, 진입차로 폭, 회전차로 폭, 회전차로 수가 결정된다.

2) 트래픽 서클(Traffic Circle)

트래픽 서클은 교차로에 화단조성 및 돋움을 통한 중앙교통섬을 설치하여 교통축의 속도저감을 유도하는 기법으로 미국 시애틀에서 1980년대 처음으로 사용하기 시작했으며 표준 규격화되었다. 트래픽 서클은 교차로에 중앙교통섬을 설치하되 이미 있던 교차로에 교통섬의 크기를 맞추는 형식으로 국내 교통정온화사업에 적용 시 국지도로 및 생활도로 위주의 지역에 적용할 수 있다.

트래픽 서클은 차량의 주행속도를 감소시키는 방안으로써 기존 교차로에 트래픽 서클의 크기를 조정하며, 기존 교차로의 크기에 맞게 설계해야 하므로 표준규격은 교차로의 기하구조에 의해 정해진다. 목표로 설정한 도로가 넓으면 넓을수록 원하는 측면 굴절을 얻기 위해서는 교통섬이 커져야 하며, 목표로 설정한 도로의 너비가 다르다면 교통섬 또한 어느 방향에서 접근하든 적당한 굴절을 얻기 위해 그에 맞추어 길쭉해져야 한다.

아래 그림에서 볼 수 있듯이 교통섬과 연석 돌출부 사이의 거리(오프셋 거리)는 시애틀 규격에 따르면 최대 1.7m(5.5feet) 이어야 한다. 트래픽 서클은 주거지역 생활도로의 교차로 구간에 설치되는 원형의 교통섬으로 주로 직진 차량의 속도 감속을 목적으로 설치할 수 있으며, 식재 등 녹지조성을 통한 친환경 기법으로 적용할 수 있다.

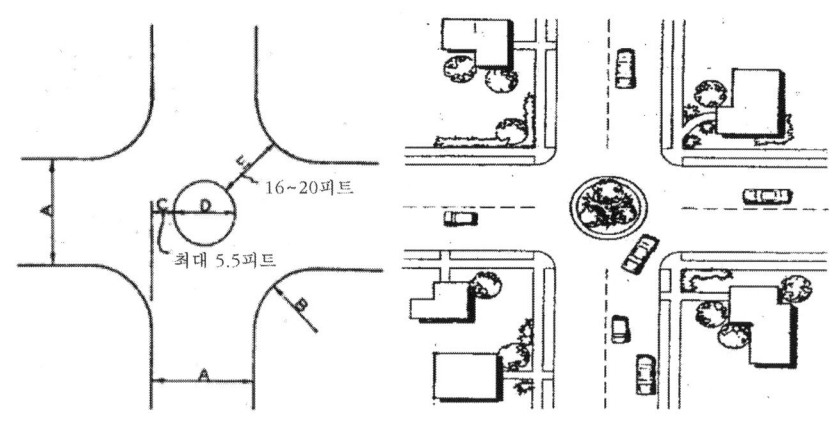

⟨ traffic circle 설계요소 및 예시 (Neighborhood Traffic Control Program, Policy No. 23,Seattle, 1986) ⟩

[그림 4.22] 트래픽 서클 설치기준 예시(시애틀)

[그림 4.23] 트래픽 서클 설치사례, 시애틀

(7) 고원식 횡단보도(Raised Crosswalks)

고원식 횡단보도는 보행자 횡단보도를 자동차가 통과하는 도로면보다 높게 하여 자동차의 감속을 유도하는 시설이다. 차도 노면에 사다리꼴 모양의 횡단면을 갖는 구조물을 설치하며, 보행자는 보도의 양측에서 수평으로 횡단할 수 있다. 고원식 횡단보도를 설치하면 횡단보도가 보도의 연석과 비슷한 높이로 조성되어 별도의 수직이동이 발생하지 않아 양호한 보행환경을 조성할 수 있는 장점이 있다.

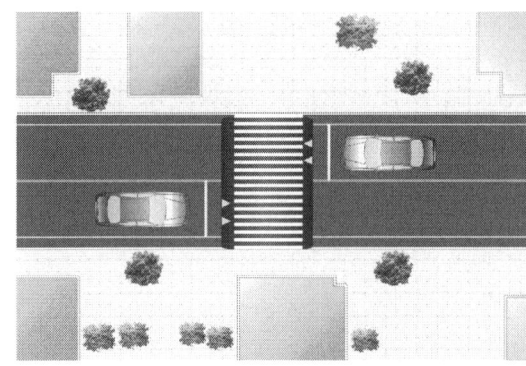 

[그림 4.24] 고원식 횡단보도 설치 개념도 및 설치사례

고원식 횡단보도는 자동차의 속도를 줄이기 위한 오르막 경사부와 보행자를 위한 횡단보도부로 나눌 수 있으며 각 부분의 형상은 다음의 그림을 표준으로 한다.

고원식 횡단보도는 횡단보도부에 횡단보도 노면표시를 설치하고 오르막 경사부는 암적색 바탕에 흰색 오르막 경사면 표시를 한다. 오르막 경사부는 과속방지턱의 오르막 경사면 형상과 동일하게 포물선으로 처리하고 고원식 횡단보도의 횡단보도부 폭은 4m 이상으로 하되 보행 통행량이 적어서 횡단할 때 보행자 간 마찰이 일어나지 않는 곳에서는 2.5m까지 폭을 축소할 수 있다.

고원식 횡단보도에서 횡단보도부는 가급적 보도와의 높이차를 2cm 이하로 하는 것이 바람직하고, 특히 보도와 차도의 단차 없이 고원식 횡단보도를 설치한 경우는 시각장애인 등이 보도와 횡단보도의 경계부를 명확히 인지할 수 있도록 점자블록을 설치한다.

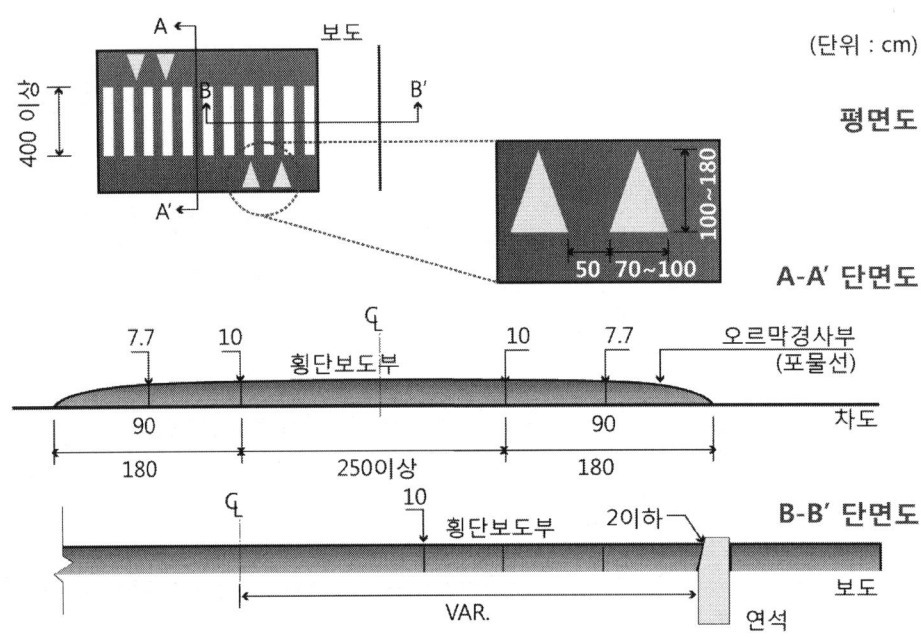

[그림 4.25] 고원식 횡단보도 형상 및 제원
주) 보행우선구역 표준설계 매뉴얼 설계편(국토해양부, 2008)

[표 4.4] 고원식 횡단보도 색상, 재질 관련 기준 비교

구 분	기 준
교통약자의 이동편의 증진법	사다리꼴 구조물의 경사(턱) 부분과 횡단보도 부분은 서로 다른 색상 및 재질로 하고 경사를 완만하게 하여야 한다.
어린이보호구역의 지정 및 관리에 관한 규칙	험프의 경사(턱) 부분과 횡단보도 부분 전체를 암적색 아스콘으로 설치하고 횡단보도 노면표시를 설치한다.

[표 4.5] 고원식 횡단보도 구조 관련 기준 비교

구 분	기 준
교통약자의 이동편의 증진법	사다리꼴 구조물의 높이는 보도의 높이와 동일하게 하고, 사다리꼴 구조물의 윗면 평탄부는 차축의 길이를 고려하여 250㎝ 이상으로 하여야 한다.
어린이보호구역의 지정 및 관리에 관한 규칙	백색으로 폭원은 4m 이상이고 노면의 전폭을 가로질러 표시하는 얼룩말 무늬의 지브라식으로 설치하여야 한다.
교통안전시설 실무편람	어린이 보호구역 내 횡단보도의 폭은 횡단보행자 수 등을 고려하되 고원식 횡단보도나 일반 횡단보도의 폭은 6m 이상으로 하여 충분한 보행공간을 확보한다.

 고원식 횡단보도에는 전후구간에 배수시설을 갖추어야 한다. 자동차가 고원식 횡단보도의 경사부를 이용하여 불법으로 주·정차하는 것을 방지하기 위해 보도 부분에 볼라드 등을 설치할 수 있다.

[표 4.6] 고원식 횡단보도 관련 기준 비교

구 분	기 준
교통약자의 이동편의 증진법	고원식 횡단보도의 주변에는 야간의 사고방지를 위한 표지, 볼라드 등의 시설물을 설치하여야 한다.
교통안전시설 실무편람	횡단거리 단축, 과속방지, 주차공간 확보 등의 효과가 기대되는 방안으로 도로구간에 Hump식 횡단보도를 설치할 경우에는 Hump식 횡단보도와 연결되는 보도부분을 직진 차로와 연결하여 설치하고 야간의 사고방지를 위한 표식, 볼라드 등의 안전시설물을 설치한다.

 보행자의 횡단을 위하여 보도 턱 낮추기가 설치된 지점에 연결하여 고원식 횡단보도를 설치할 때는 되도록 고원식 횡단보도와 보도의 높이 차이를 2㎝ 이하로 하는 것이 바람직하다. 보도의 턱 낮추기부와 고원식 횡단보도의 끝단이 서로 다른 방향의 경사면으로 연결될 경우 휠체어 장애인은 턱 낮추기부와 고원식 횡단보도 연결부분을 통과할 때 어려움을 겪게 될 뿐만 아니라 교통안전 관점에서도 바람직하지 않다.
 고원식 횡단보도를 이용하여 자동차가 보도로 불법 진입하는 것을 방지하

기 위해서는 보도 부분에 볼라드 등의 설치를 고려하고 조명시설을 설치하여 자동차와 횡단중인 보행자의 안전을 확보하는 것이 바람직하다. 또한, 고원식 횡단보도를 설치하는 곳에는 전후 구간에 배수처리를 고려하여야 하며, 동절기에 눈, 결빙 등에 의한 미끄러짐에 유의해야 한다.

(8) 볼라드(Bollard)

볼라드는 보행자의 안전하고 편리한 통행을 방해하지 아니하는 범위 내에서 설치하는 시설물로써 교통약자와 말뚝의 충돌을 예방하기 위하여 말뚝 주변에 점자블록 등을 설치할 때는 「교통약자의 이동편의 증진법」, 「장애인·노인·임산부 등의 편의증진 보장에 관한 법률」 및 「도로안전시설 설치 및 관리지침-장애인 안전시설 편」을 참조한다.

횡단보도 부근의 턱 낮추기 구간에 자동차의 진입 및 우회전 자동차가 보도로 진입하는 것을 방지하기 위하여 볼라드를 설치할 수 있지만, 볼라드는 보행자의 통행 관점에서는 일종의 장애물로 간주할 수 있으므로 필요한 장소에 선택적으로 설치한다.

볼라드는 고정식과 가동식으로 구분할 수 있으며, 색상은 밝은색의 반사도료 등을 사용하여 쉽게 식별할 수 있도록 설치해야 한다. 높이는 보행자의 안전을 고려하여 80~100㎝, 지름은 10~20㎝로 해야 하고, 설치 간격은 1.5m 내외로 하며 볼라드의 재질은 보행자 등의 충격을 흡수할 수 있는 재료를 사용하되 속도가 느린 자동차의 충격에 견딜 수 있는 구조로 하여야 한다. 볼라드의 0.3m 전면에는 시각장애인이 충돌의 우려가 있는 구조물이 있음을 미리 알 수 있도록 점자블록을 설치해야 한다.

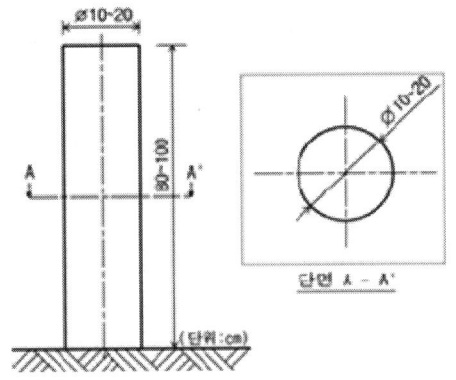

[그림 4.26] 볼라드 규격기준

가동식 볼라드는 차량의 통행이 필요할 때, 말뚝의 높이를 낮출 수 있도록 한 것으로 아래 그림은 시간대에 따라 자동차 통행이 허용되는 구역이나 교통정온화 구역에서 가동식 볼라드를 설치한 사례이다.

[그림 4.27] 상하 조절이 가능한 가동식 볼라드 설치사례

볼라드는 자동차가 보도로 불법 진입하는 것을 억제할 필요가 있는 장소에 설치하거나 일시적으로 자동차의 통행을 금지할 필요가 있는 구간에 설치한다. 볼라드는 고원식 횡단보도, 고원식 교차로에서 자동차가 오르막 경사면을 타고 보도에 진입하는 것을 방지할 목적으로 설치할 수 있으며, 시케인과 차로폭 좁힘 구간에서도 사용할 수 있다.

(9) 지그재그 차선

지그재그 차선은 교통정온화구역 내의 차량이 서행하여야 하는 구간을 나타내며, 횡단보도 전방에 보행자 교통사고를 예방하기 위하여 설치하는 지그재그 형태의 차선이다. 지그재그 차선의 설치는 운전자에게 서행할 것을 의미하며 시각적 효과로 인해 도로의 폭이 좁아 보여 운전자로부터 감속을 유도하는 효과가 있다.

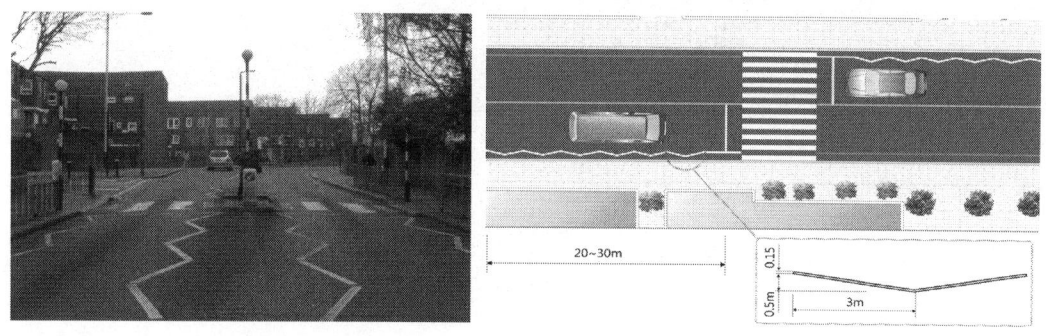

[그림 4.28] 지그재그 차선 개념도 및 설치사례

지그재그 차선은 「도로교통법」 제31조에 따라 서행 또는 일시정지 할 장소에 설치하여야 하며, 지방경찰청장이 도로에서의 위험을 방지하고 교통의 안전과 원활한 소통을 확보하는 데 필요하다고 인정하는 곳에 길 가장자리 구역선이나 주정차 금지선을 지그재그 형태로 설치할 수 있다.

또한, 편도 2차로 이상 도로에 지그재그 차선을 설치하려면 횡단보도 앞뒤 20m 이내의 구간에 설치할 수 있다.

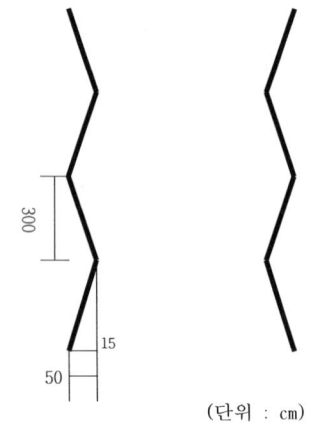

[그림 4.29] 지그재그 차선

(10) 노면요철 포장(Textured Pavement)

노면요철 포장은 잠재적인 위험을 지닌 구간의 노면에 인위적인 요철을 만들어 차량이 이를 통과할 때 타이어에서 발생하는 마찰음과 차체의 진동을 통하여 운전자의 경각심을 높임으로써 차량이 감속하여 안전하게 주행할 수 있도록 유도하는 기법이다.

운전자는 진동 등에 의하여 전방에 주의와 감속해야 하는 위험구간이 있음을 인지하게 된다. 노면요철 포장은 형식에 따라 운전자가 시각적으로 띠 모양을 인지하여 심리적으로도 속도를 저하하는 효과가 있으며 도로폭이 충분하지 않은 구조에서도 도입할 수 있다는 장점이 있다.

 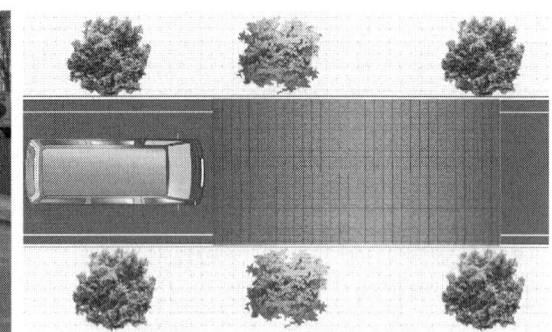

[그림 4.30] 노면요철포장 설치 개념도 및 설치사례

국내에서는 주로 고속도로 길어깨 경계에 설치하거나 고속도로 요금소 직전에 그루빙(grooving) 형태로 설치되고 있다. 도시 내 도로에서는 보행자 우선도로 등에서 블록을 이용하여 요철을 주는 포장이 이용되고 있으나 일반도로에서는 크게 활용되고 있지는 않다. 국외에서는 노면요철포장에 다양한 형식이 설계·시공되고 있으며, 아래의 표는 국외기준(コミュニティゾン形成マニュアル, 커뮤니티 존 형성 매뉴얼, 交通工學硏究會, 1996)에서 제시된 노면요철 포장의 예를 나타낸 것이다.

구 분	형 상
전면식 노면요철 포장 (Rumble Area)	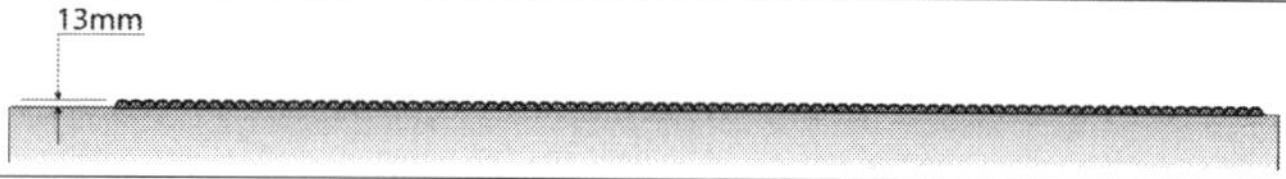 13mm
이격식 노면요철 포장 (Rumble Strips)	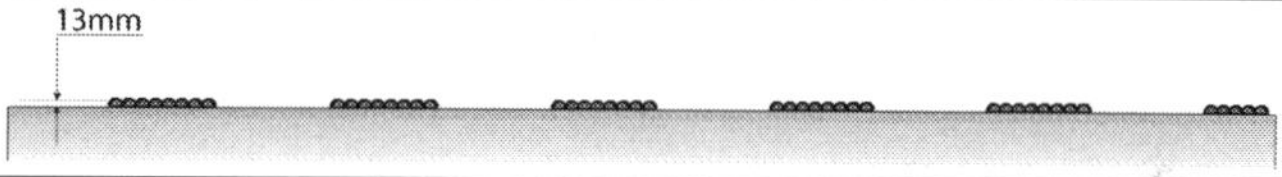 13mm
지글 바 (Jiggle Bars)	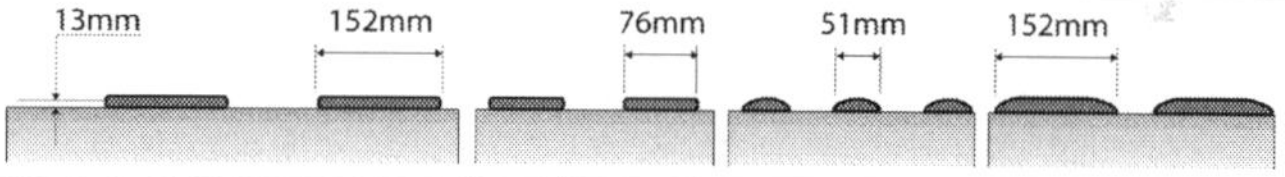 13mm 152mm 76mm 51mm 152mm

주) コミュニティゾン形成マニュアル, 커뮤니티죤 형성 매뉴얼 (日本交通工學硏究會, 1996)

[그림 4.31] 노면요철 포장의 종류〉

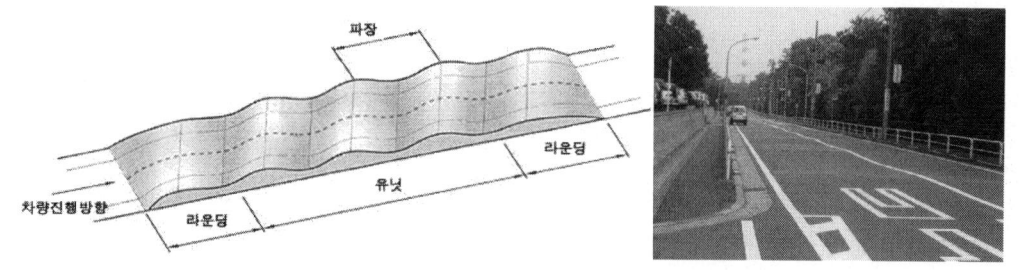

[그림 4.32] 럼블 웨이브(Rumblewave Surfacing) 개념도 및 설치사례

럼블웨이브(rumblewave surfacing)는 포장면의 형상이 정현파가 되고 있어 그것을 연속하여 설치하는 구조로 설계속도 혹은 제한속도 내에서는 평지와 같은 매끄러운 주행이 가능하지만, 제한속도를 초과하면 차량의 공진 작용으로 운전자에게 불쾌감을 주어 속도억제를 유도하는 노면요철 포장 기법이다. 연속파형의 형태로 긴 구간에 걸쳐 속도억제가 가능하며 도로의 제한속도에 맞춘 파형을 선정하는 것으로서 저속에서 고속까지 속도를 설정하는 것이

가능하다. 또한, 매끄러운 곡선으로 충격음의 발생을 억제할 수 있다.

전면식 노면요철 포장은 면적으로 요철을 만든 형식으로 블록을 이용하거나 그루빙 등을 면적(面的)으로 설치할 수 있다. 이격식 노면요철 포장은 일정한 간격으로 노면 위에 띠를 설치하여 진동과 소음을 일으키며 이를 통하여 운전자의 감속을 유도한다.

아래의 그림은 이격식 노면요철 포장의 구조를 나타낸 것으로 자동차 진행방향으로 띠의 설치높이는 H, 설치길이는 L, 노면요철 포장의 단위 설치길이는 P이다. L이나 P는 다양한 제원이 고려될 수 있으며 저속도로에서는 대부분의 경우 L이나 P의 길이가 짧아진다. H는 감속효과에 민감한 요소이며 30mm 이상의 높이는 진동이 강하게 발생하므로 일반적으로 사용되지 않고 20mm 이하가 적용되는 경우가 많다.

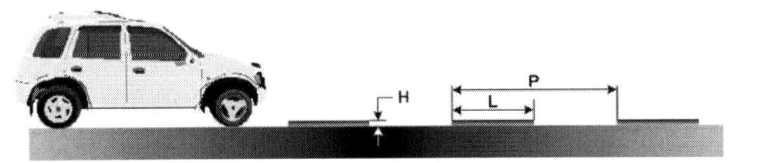

여기서, H : 띠 설치높이, L : 띠 설치길이, P : 노면요철포장의 단위 설치길이

[그림 4.33] 이격식 노면요철 포장의 구조도

도로상에 노면요철포장을 설치할 때는 통행안전을 위하여 사전에 노면요철포장의 존재를 알리는 교통안전표지를 설치하여야 하며, 노면요철포장의 시인성을 향상시키기 위하여 조명시설을 병행하여 설치할 수 있다.

노면요철포장의 통과소음은 인근 주민들에게 낮에는 다소 불쾌감을 주는 정도지만 밤에는 수면을 방해하는 정도에까지 이를 수 있으므로 주거지역에서는 설치를 최대한 억제하는 것이 바람직하다. 또한, 노면요철포장은 자전거 등 이륜차의 주행안전 및 쾌적성에 불리한 영향을 줄 수 있으므로 이륜차의 통행이 고려되는 도로에서는 차도 가장자리에 평탄한 부분을 두어 이 부분을 통하여 이륜차가 통행하도록 유도하는 것이 바람직하다.

(11) 교차점 표시

주거지역 이면도로에서는 주택과 건물이 길게 늘어서 있어 신호가 없는 교차로를 식별하기 어려울 때가 있다. 이와 같은 교차로에서 충돌사고를 감소시키기 위하여 교차로의 존재 및 형상을 나타내는 교차점 표시를 설치한다.

교차점 표시는 눈에 잘 뜨이지 않는 교차로의 존재를 나타낼 필요가 있는 장소에 설치하며, 교차로의 중심에 교차하는 도로의 방향을 나타내도록 설치하는데, 야간의 시인성을 고려하여 반사체 또는 조명시설을 설치할 수 있다.

교차로 표시의 설치는 차량 대 차량, 차량 대 사람, 충돌사고의 감소에 효과적이고 교차점에 태양광 전지 등 점등형 표지병을 매입하여 시인성을 높이는 것이 이면도로에서 교통사고 방지에 더욱 효율적이다.

[그림 4.34] 교차점 표시 설치사례

지금까지 살펴본 물리적 정온화기법의 도로구간, 교차점 등에서 기법별 억제효과는 다음과 같으며 이러한 기법은 설치장소에 따라서 적절한 기법을 선택적으로 조합하여 설치하는 것이 효율적이다.

[표 4.7] 물리적 교통억제 방법의 효과분석

대 상	기 법	통과교통 억제	속도 억제	노상주차 억제	경관개선	보행환경 개선
도로구간	Hump	○	◎	X	●	●
	Choker	○	◎	●	●	●
	Chicane	○	◎	●	●	X
교차점	Full Closure	◎	X	X	●	●
	교차로 Hump	△	○	X	●	◎
	교차점 좁힘	○	○	●	●	●
	Roundabout	○	○	X	●	X
	Diagonal Closure	◎	X	X	●	●
	Median Closure	◎	X	X	●	●
	Half Closure	◎	X	X	●	●
시설물	Bollard	X	X	◎	●	●

주) 용도에 대한 효과 : ◎효과 큼, ○효과 보통, △효과 적음, ●효과 있음, X 효과 없음

4. 제도적 정온화기법

제도적 기법은 교통정온화 구역 내 최고속도 규제나 통행금지 등 차량의 통행 및 속도를 규제하기 위하여 표지나 노면표시 등으로 설치하는 기법으로서 물리적 기법과 적절한 조합설치를 통하여 교통정온화구역 내 보행자의 안전성을 확보하도록 하는 기법이다.

(1) Zone 30(30km/h 최고속도 규제)

최고속도 30km/h 규제를 교통정온화구역 내 도로에 대하여 지정하는 것으로 표지는 다음과 같은 목적으로 교통정온화구역의 입구와 출구에 설치하고, 교통정온화구역의 경계부인 도로 입구와 출구에 표지를 설치하며 특히 차량 운전자가 쉽게 식별할 수 있도록 눈에 띄는 장소에 설치한다.

- 차량의 주행속도를 제한함으로써 교통사고의 발생을 억제하고 사고에 의한 피해의 심각도, 자동차 교통이 교통약자에게 미치는 위협을 경감시켜 교통안전을 확보한다.
- 도시의 특정구역에서 자동차에 의한 생활환경의 영향을 완화시키고 그 개선의 목적으로 종합적인 교통관리를 시행하고 있음을 명시한다.
- 차량의 주행속도를 적정화, 균일화함으로써 자동차 교통이 지구주민에게 미치는 소음, 배기가스 등의 환경부하를 경감시키고 그곳에 어울리는 다양한 도로의 이용행태와 가로경관을 창출한다.

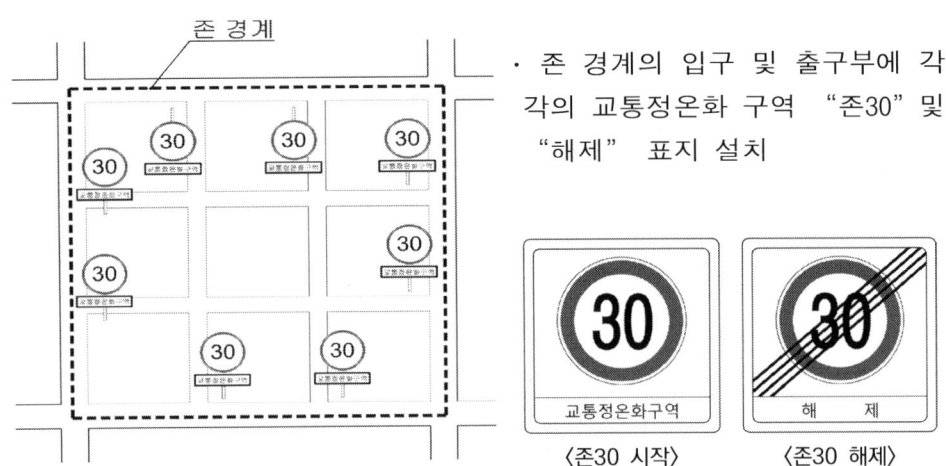

[그림 4.35] 교통정온화 구역 내 존 30 표지의 적용방법

교통정온화 구역의 시작   교통정온화 구역의 해제

[그림 4.36] 존 30의 시작 및 해제 표지

[그림 4.37] 네덜란드 ZONE 30 표지   [그림 4.38] 독일 ZONE 30 표지

[그림 4.39] 교통정온화 구역 최고속도 규제 표지 설치사례

간선도로나 보조간선도로 또는 도시부 일반 가로에서 교통정온화구역인 존 30에 진입하거나 진출하는 도로를 대상으로 존 30 안내표지를 존 경계에 설치하여 교통정온화 구역임을 인식시키도록 한다.

존 경계부에 설치하는 표지에 대해서는 교통정온화구역 내부에 들어 왔다는 것을 운전자에게 인식시키기 위해 지구의 명칭이나 심볼마크를 병기하는 등의 방법을 검토한다.

[그림 4.40] 심볼마크 병기 사례

30km/h 최고속도 규제 근거를 살펴보면, 네덜란드와 영국의 30km/h 존이 본엘프 및 홈 존 등 보행우선구역보다 더욱 안전하고 비용측면에서도 유리한 것으로 증명되어 "Zone 30"으로 대체하고 있다. (보행자보호구역 시설물 설치 표준지침 연구Ⅱ, 도로교통공단, 2009)

독일 쾰른시 「Neusser Wall」의 개량 전 평균속도는 52km/h였지만 이 경우 운전자가 돌연 전방에서 뛰어든 보행자를 보고 제동을 걸어 자동차가 완전히 정지할 때까지의 거리는 32m로 확인되었다(우측 사분면). 가령 15m 전방에 보행자가 뛰어들었다고 하면(좌측 사분면의 파선) 자동차는 약 48km/h로 충돌하게 되고, 10m 전방에 뛰어든 경우(좌측 사분면의 실선)에도 상황이 거의 비슷하다는 것을 알 수 있다.

그러나 28km/h로 주행하면 정지거리가 약 10m가 되고 15m는 물론이고 10m 전방에 뛰어들었다고 해도 충돌속도는 거의 0km/h가 되어 교통사고를 피할 수 있거나 가벼운 부상으로 그칠 수 있게 된다. 단, 10m 이내의 거리에서는 보행자가 자동차의 접근을 알아차릴 수 있으므로 뛰어들 확률은 매우 낮다고 해석할 수 있다.

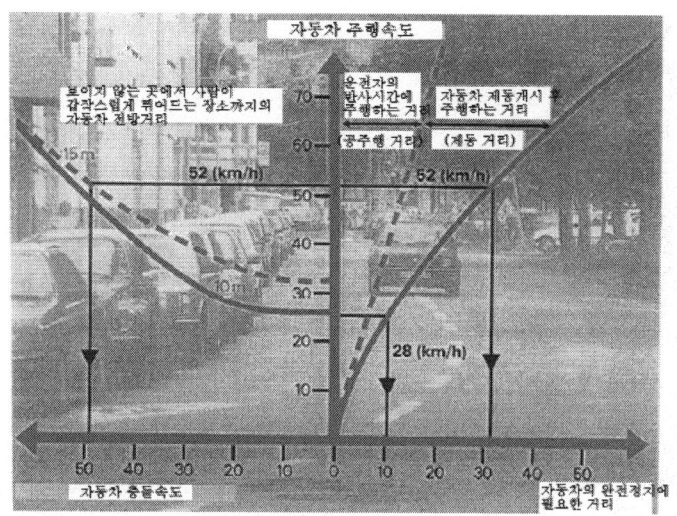

[그림 4.41] 속도-사고 실험 연구 결과 (독일)

우리나라에서는 2005년, 9개 지역에 대한 보행자 보호구역 시범사업을 운영한 결과 "Zone 30" 기법이 가장 효과적인 것으로 분석되어 전반적으로 30km/h를 적용하고 있다.

(2) 보행우선구역 안내표지

보행우선구역이란 차량보다 보행자의 안전하고 편리한 통행을 우선하도록 보행환경을 조성한 구역으로 보행자의 주요 통행경로가 구역 내 주요시설 및 장소를 유기적으로 연결하는 보행자 중심의 생활구역을 의미한다.

보행우선구역 안내표지는 교통정온화 구역임을 인지할 수 있는 시설물로써 교통정온화구역 안내표지는 '어린이를 포함한 보행자가 차량 통행보다 우선하는 지구에 들어서고 있음'을 도로 이용자에게 인지시키는 것을 목적으로 한다. 이 경우 지정된 교통정온화구역의 시작과 끝을 표시해야 하며, 표지는 교통표지규정에 따라 설치함을 원칙으로 한다.

교통정온화구역에서 보행우선구역으로 진입하는 도로를 대상으로 보차공존도로나 보행우선구역에 적용함을 원칙으로 하며, 교통정온화구역의 존 경계에 설치하여 보행우선구역을 인식시키도록 한다.

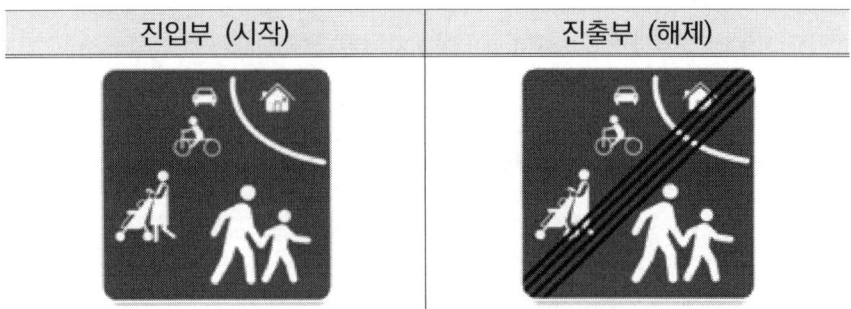

[그림 4.42] 보행우선구역 안내표지 디자인 유형

[그림 4.43] 보행우선구역 진입, 해제 안내표지 설치사례

(3) 대형차 통행금지

안전한 보행환경을 보전하기 위하여 교통정온화구역에 대한 일정한 기준 이상의 대형차(특수화물차)를 종일 또는 일정 시간에 통행을 금지하는 것으로 대형차의 진입이 허용되는 도로 중 우회로 등이 확보되면 종일 대형차의 통행을 금지한다. 일방통행 도로에서 차도 폭원을 확보할 수 없는 경우 대형차의 통행을 금지한다.

[그림 4.44] 대형차 통행금지 표지

이 경우에 유의할 점은 대형차를 위한 대체도로를 확보해야 하며, 대상지역에 기종점을 둔 대형차에 대해서는 허가증을 발급하여 통행을 허용하는

것을 검토한다. 또한, 대체도로에서 대형차 교통의 현저한 증가나 소음이 발생하는 장소가 확대되지 않도록 한다.

(4) 일방통행 규제

자동차 통행을 원활히 하는 것을 주요 목적으로 하며, 폭원이 좁은 도로에서 통행방향을 제한함으로써 보도공간을 확보하려는 경우 적용한다. 차량폭원 등을 고려하여 상황에 따라 일방통행 규제를 시행하며, 일방통행으로 규제할 때는 다음 사항에 유의하여야 한다.

- 일방통행은 도로망에 불연속성을 주도록 하는 시스템으로 지구 내의 주민이나 방문자에게 적당한 접근성을 유지하여야 한다.
- 속도제어를 위하여 일방통행의 방향이 연속되는 구간 연장을 최소화하여야 한다.
- 구역의 입구 수를 제한하고 싶을 때는 구역에서 나가는 방향으로 일방통행 규제를 시행한다.

[그림 4.45] 일방통행 표지

일방통행의 경우 교차로의 상충점이 양방통행의 경우에 비하여 큰 폭으로 감소하여 교차점의 원활성과 안전성을 향상할 수 있다.

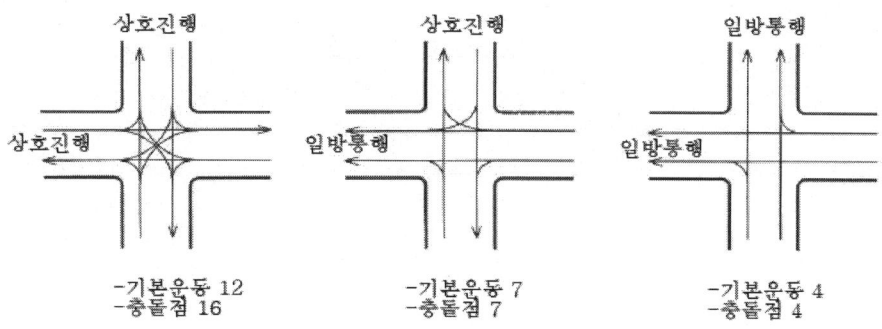

[그림 4.46] 교차로의 상충점 비교

5. 교통정온화기법의 조합

5.1 정비유형에 따른 기법의 조합

보행자 안전과 쾌적한 생활환경, 편안한 가로환경은 교통정온화기법을 통하여 확보할 수 있다. 국내 교통정온화기법의 적용 효과에 관한 연구는 아직 미비한 상태이므로 유럽, 미국, 일본 등 교통정온화 선진국에서 사업 시행과 기법의 적용에 따른 효과를 검토한 결과에 따르면 회전교차로, 시케인, 과속방지턱, 차로폭 좁힘 등이 사고감소 효과가 큰 것으로 나타났으며, 국내에 교통정온화기법 적용에서는 사고감소 효과가 높은 시설을 우선하고 주변여건 및 도로·교통조건에 따라서 조합효과가 큰 기법 위주로 적용하는 것이 바람직하다.

물리적 기법과 교통규제에 의한 기법의 조합 효과사례를 예시하면 다음과 같으며 대상이 되는 기법을 도로교통 여건에 따라 탄력적으로 적용하여 효율성을 높이도록 한다.

[표 4.8] 교통정온화기법의 조합 효과

구분	물리적 기법	제도적 기법	조합의 효과	장소	비고
속도저감	시케인, 차로폭 좁힘, 초소형 회전교차로 등	대형차 통행금지, 일방통행 규제	운전자의 빈번한 핸들 조작을 유도하고 대형차 통행금지나 일방통행 규제와 조합하여 속도저감 효과 유도	존경계 및 교차로구간	○
교통량 억제	교차로 입구 과속방지턱	존 30, 최고속도 규제	존 경계나 교차로 구간 속도저감 효과 유도 출입구를 명시하는 의미로 외곽 도로에서 관리권역 내로 들어오는 입구부에 과속방지턱을 설치	존경계 및 교차로구간	○
	차단 또는 도류화 등	일방통행 규제	차단, 도류화 등을 교차로에 적용할 때 교차로의 규모가 커지는 것도 고려해야 하므로 면적인 일방통행 규제와 조합	존경계 및 교차로구간	○

구분	물리적 기법	제도적 기법	조합의 효과	장소	비고
보행환경개선	과속방지턱	횡단보도	보도 높이에 맞추어 과속방지턱(사다리꼴), 횡단보도 등을 조합시켜 보행 경로의 평탄성을 향상시킴	가로구간	○
	교차로 입구 과속방지턱	횡단보도	교차로 입구 과속방지턱에 횡단보도를 조합, 보도의 단차가 없어져 휠체어 이용자 등 교통약자의 도로횡단이 용이함	존경계 및 교차로구간	◎
	차로폭 좁힘	횡단보도	차로폭 좁힘과 횡단보도 조합은 횡단거리가 짧아지는 이점이 있음	가로구간	○

주) ◎ 조합 필요, ○ 조합하면 효과가 높아짐

5.2 가로구간

교통정온화구역의 존 경계부는 정온화구역 내로 진입하거나 반대로 진출하는 부분으로 정온화구역으로 진입하거나 진출하는 것을 알리는 표지와 노면표시를 설치하며 경계부에는 고원식 횡단보도를 설치하고 전반적으로 수직적 기법보다 평면적기법 위주로 적용한다. 가로망 체계를 고려하여 교통정온화구역 구분에 따라 TYPE 별로 적용하는 평면적 기법과 수직적 기법의 조합설치 원칙은 다음과 같다.

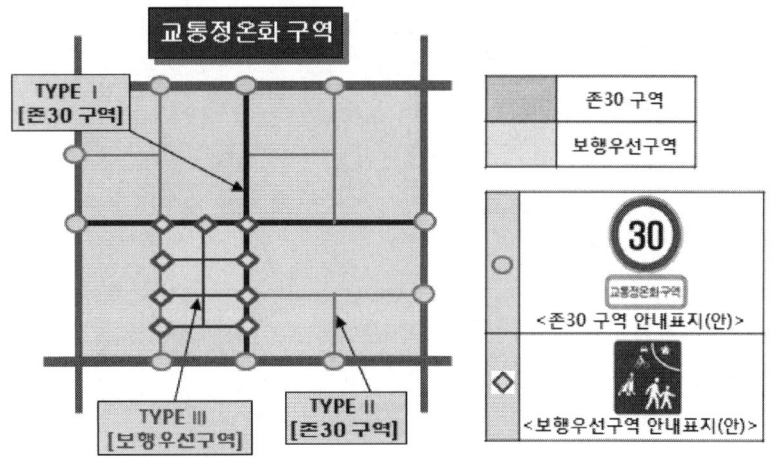

[그림 4.47] 교통정온화구역의 구분

- TYPE Ⅰ 유형의 가로구간에서는 도로의 기능적인 측면을 유지하기 위하여 주변여건이나 도로의 기하구조 등을 고려하여 지그재그 차선, 보행섬식 횡단보도 등 평면적 기법 위주로 조합하여 적용한다.
- TYPE Ⅱ 유형의 가로구간에서는 TYPE Ⅰ과 TYPE Ⅲ의 완충 역할을 하는 구역으로 과속방지턱, 고원식 교차로, 차로폭 좁힘, 시케인 등 평면적 기법과 수직적 기법을 조합하여 적용한다.
- TYPE Ⅲ 유형의 가로구간에서는 도로 폭원과 생활환경, 주차여건 등을 고려하여 과속방지턱, 엇갈림 주차, 포트, 블록포장 등을 탄력적으로 적용하며 가장 적극적인 수직적 기법을 적용한다.

 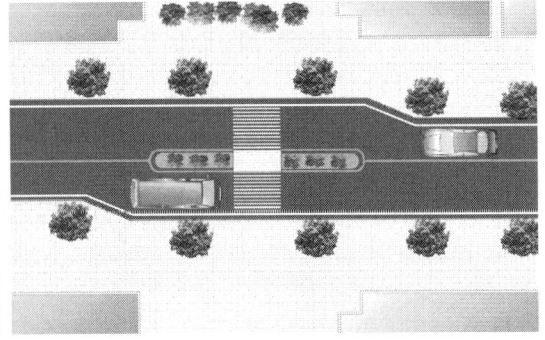

[그림 4.48] TYPE Ⅰ 유형에서 보행섬식 횡단보도와 차로폭 좁힘 등 조합사례

 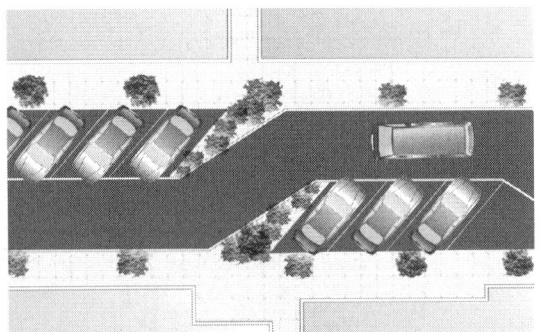

[그림 4.49] TYPE Ⅰ 유형에서 엇갈림 주차와 시케인의 조합사례

 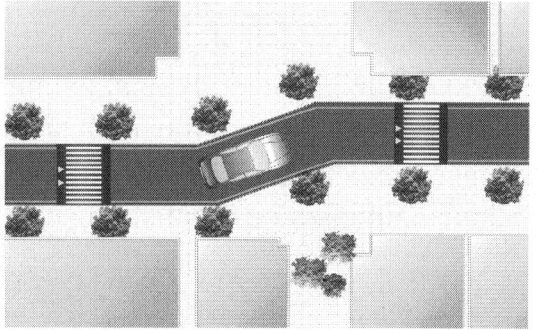

[그림 4.50] TYPE II 유형에서 시케인과 고원식 횡단보도의 조합사례

 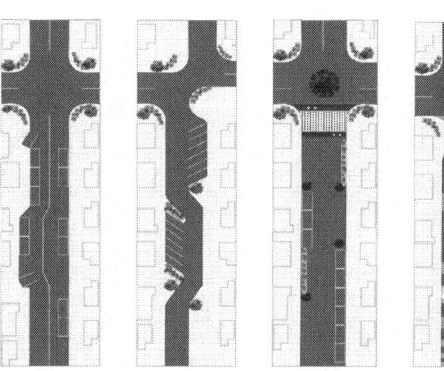 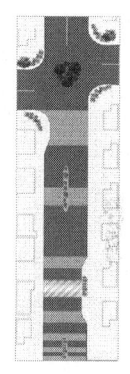

[그림 4.51] TYPE II 유형에서 엇갈림 교차로, 시케인, 차로폭 좁힘 등 조합사례

 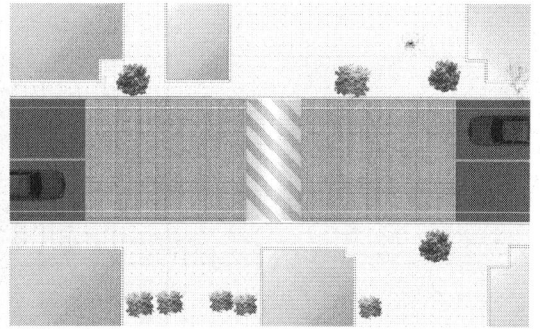

[그림 4.52] TYPE III 유형에서 블록포장과 과속방지턱의 조합사례

5.3 존 경계부 및 교차로 구간

교통정온화구역 존 경계부는 정온화구역 내로 진입하거나 반대로 진출하는 부분으로 정온화구역으로 진입하거나 진출하는 것을 알리는 표지와 노면표시를 설치하며 경계부에 고원식 횡단보도를 설치하고 평면적 기법 위주로 적용한다. 교차로 구간 및 존 경계부에 설치하는 교통정온화기법의 조합설치

원칙은 다음과 같다.

- 일반도로에서 교통정온화구역 내 도로로 진입하는 존 경계부인 TYPE Ⅰ 진입부 또는 TYPE Ⅱ 유형 내에는 운전자에게 교통정온화구역으로 진입하였음을 알리는 '존 30' 표지를 설치한다.
- 교통정온화구역으로 진입 시, 존 경계부에는 고원식 횡단보도 또는 노면요철포장 등을 적용하여 자연스러운 속도저감을 유도한다.
- 교통정온화구역 내 TYPE Ⅲ에 해당하는 보행우선구역 내로 진입하거나 진출하는 경계부는 보행우선구역으로 진입하였음을 알리는 보행우선구역 안내표지를 설치한다.

[그림 4.53] 교통정온화 구역 내 존 경계부(TYPE Ⅰ, Ⅱ) 진입 시 조합사례

[그림 4.54] 교통정온화구역 내 존 경계부(TYPE Ⅰ, Ⅱ) 진입 시 조합 사례

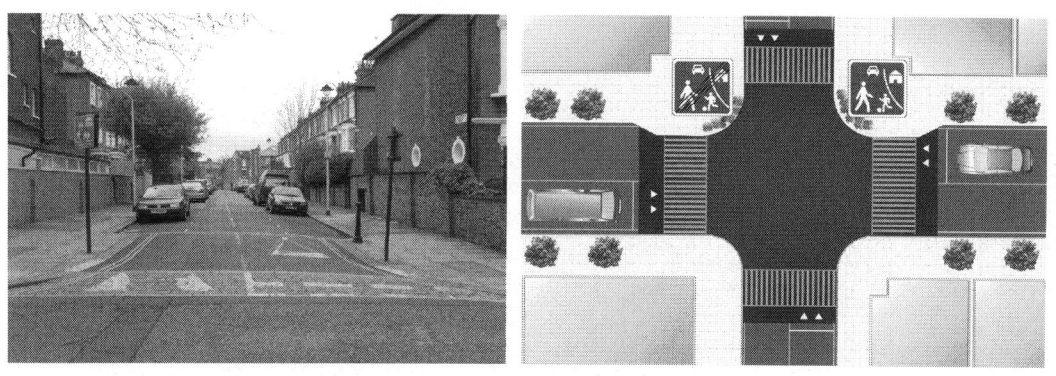

[그림 4.55] 교통정온화구역 내 보행우선구역(TYPE Ⅲ) 진입 시 조합사례

[그림 4.56] 교통정온화구역 내 노면요철포장 조합사례

6. 교통정온화 사업구역의 설계원칙

교통정온화사업을 시행하는 대상지역은 보행우선구역을 포함한 주변의 토지이용 형태를 고려하여 대상지역에 맞는 차별적인 설계기법을 적용하는 관점에서 접근해야 한다. 보행우선구역을 구성하는 도로는 '주요 보행 네트워크', '구역 내 생활도로', '경계부 도로' 등으로 성격을 구분하여 설계에 반영해야 하는데 특히, 보행우선구역 출입구는 운전자가 확실히 인지할 수 있도록 설계하는 것이 최우선의 과제이다.

또한, 보행우선구역 내 모든 가로에는 어린이, 노약자, 임산부, 장애인 등 모든 교통약자의 보행특성을 반영한 설계를 적용하고, 보행자가 이동하는데 편리하도록 수직 단차를 해소하며 턱이나 돌출물을 제거하여 차량 위주의 도로를 보행자가 부수적으로 이용하는 '보차혼용도로' 개념에서 보행자 위주의 도로를 차량이 부수적으로 이용하는 '보차공존도로' 개념에 충실하여야 한다.

이러한 과정에서 대상지역 주민들의 인식이 지금까지 관행적으로 받아들여 왔던 물리적인 보차도 분리와 안전시설물 우선의 경직된 사고에서 벗어나도록 설득하는 과정이 중요하며, 교통공학 관점의 시설물 위주 Hard Ware보다 교통환경 관점의 Soft Ware와 교통심리학 관점에서 접근하여 대책방안을 수립하고 적용하는 것이 바람직하다.

가로환경과 생활환경 향상 관점에서 보행편의와 쾌적성 확보를 위한 식재와 가로시설물 설치도 중요한 고려사항이 되며, '삶의 질' 향상에 따른 도시경관 차원과 최근 부상되고 있는 지구온난화와 관련된 도시열섬 완화, 물순환 차원에서 블록포장 등 친환경 포장공법의 적용을 검토하고 포장재료와 색채는 보행자의 안전성과 경관성 등을 고려하여 선택해야 한다.

[표 4.9] 교통정온화 사업구역에서 분야별 설계원칙

분야	설계원칙

토지이용	• 보행우선구역의 토지이용 형태에 따라 차별적인 설계기법 적용
	  주거지역 : 주거 형태, 통학로, 집 앞 어린이 놀이공간, 주민
	             생활공간 등 고려
	  상업지역 : 업종별, 관광지, 도심 상업지역 등

도로성격	• 보행우선구역을 구성하는 도로는 '주요 보행 네트워크', '구역 내 생활도로', '경계부 도로'로 성격을 나누어 설계
출입구	• 보행우선구역 출입구는 운전자가 대상구역을 확실히 인지할 수 있도록 설계
표지판	• 보행우선구역을 나타내는 알림 표지판과 속도제한 표지판을 설치하는 것을 원칙으로 함
교차지점	• 보행우선구역 도로 교차지점에는 차량과 보행자의 출현을 쉽게 인지할 수 있도록 설계

분야	설계원칙
교통처리	• 보행우선구역을 구성하는 도로는 구역 내 기종점을 가진 차량을 서비스하도록 설계하고, 통과교통은 되도록 배제 • 보행우선구역을 구성하는 도로의 기능과 용량에 부합하는 교통량을 수용 • 보행우선구역을 구성하는 도로에는 차량 속도를 감속시키기 위해 물리적 기법을 적용 • 보행우선구역의 효율적 차량 소통 및 보행 안전성을 확보하기 위해 차량흐름을 적절히 조절 • 보행자 사고가 잦은 곳에 대해서는 교통사고를 감소시키기 위한 적절한 대책을 강구
주차	• 보행우선구역 주차수요를 수용할 수 있도록 주차시설 공급 • 보행우선구역 내 주차면은 보행자의 안전을 저해하지 않는 적절한 위치에 계획하고 지정된 위치에서만 주차 • 주차면을 나타내는 표지와 경계를 명확히 하여 차량 이동 통로와 주차공간의 경계가 구분되도록 함
공간	• 건물 전면 공개공지가 주차장으로 이용되거나 불법 적재물 등으로 보행권을 침해하지 않도록 보도와 통합하여 연계 설계 • 놀이장소, 휴식공간 등으로 설계된 범위는 명확하게 식별할 수 있도록 설계하고 차량 통로와 구분되어야 함
교통약자	• 보행자가 이동하는데 편리하도록 수직 단차를 해소하고, 턱이나 돌출물을 제거 • 보행자가 이동하는데 편리하도록 가급적 육교, 지하도 등 입체 횡단시설을 지양하고 횡단보도를 설치 • 경사지에 조성되는 공공시설의 경우, 교통약자를 배려한 시설인 승강기, 에스컬레이터, 경사로 등을 설치 • 보행우선구역을 구성하는 모든 가로에는 교통약자의 보행특성을 반영하여 설계
식재 및 가로시설물	• 보행 편의와 쾌적성을 위한 식재와 가로시설물 설치 • 유효보도폭을 고려하여 식재와 가로시설물의 적절한 위치와 종류를 선정 • 가로수, 가로수분, 플랜트 박스 등의 식재가 보행자와 운전자의 시계를 방해하지 않도록 하고 풍부한 녹음을 제공할 수 있는 적절한 수종을 선정

분야	설계원칙
포장	• 포장재료와 색채는 보행자의 안전성과 경관성 등을 고려하여 선택하고 블록포장 등 친환경 포장 적용을 검토 • 도시열섬 현상을 완화하고 물순환 기능을 가지는 투수성 포장에 대한 적용성 검토가 필요함
조명	• 야간에도 보행 활동에 지장이 없도록 적절한 조명을 설치 • 조명등, 지주 형식을 경관을 고려하여 단순하고 편안한 가로시설물이 되도록 경관성, 조화성, 형태, 색채, 재질 등을 디자인 요소로 반영해야 함

5
CHAPTER

한국형 교통정온화의 정립방안

한국형 교통정온화는 인간중심, 친환경, 경관디자인을 실행목표로 설정하여 안전한 보행환경, 쾌적한 생활환경, 편안한 가로환경을 확보하고자 하는 관점에서 우리나라의 도로교통 특성과 운전자의 특성을 고려하여 도로의 규모와 기능을 고려한 교통정온화기법의 적용기준을 제시하는 것으로 우리나라의 가로환경과 생활환경 특성을 고려하여 교통정온화사업의 대상범위를 설정하며, 도로의 기능을 적절하게 유지하고 도로 위계에 부합하는 기법을 차별적으로 적용하여 효율성을 확보하는 방안이다.

1. 도로 위계에 부합하는 기법의 차별적 적용

1.1 도로의 기능과 규모를 고려한 범위 설정

제한속도 20km/h 운영 시에는 운전자의 적절한 속도유지와 도로 관리자의 정확한 속도관리가 어렵고 속도측정도 오차로 인하여 무의미하며, 주행속도를 30km/h 정도로 운영 시, 안전성 확보와 비용 측면에서도 유리한 것으로 분석되어 생활지역으로 진입체계를 고려하여 주거와 생활권을 지원하며, 이동성보다는 접근성을 위주로 하는 집산도로와 국지도로를 포함하는 존(zone)을 교통정온화사업의 주요 대상범위로 한다.

(1) 집산도로 및 국지도로를 포함하는 존(zone)

도로의 기능을 고려할 때 간선도로 및 보조간선도로에 둘러싸인 면(Zone) 안에 있는 집산도로 및 국지도로

(2) 최고속도 30km/h 이하의 보행자를 우선으로 하는 지역

최고속도 30km/h 이하의 도로나 통행속도가 30km/h 이하로 운영될 필요가 있는 어린이보호구역, 노인보호구역, 장애인보호구역, 보행우선구역, 보행환경개선지구 등 보행자가 우선이 되는 지역

(3) 주택가 생활도로, 학교 주변, 근린상업지역, 관광지 등

불법주차와 과도한 통과교통으로 인하여 생활환경이 질적으로 악화되고 보행자의 안전이 우려되는 생활도로, 학교주변, 상업지역 등 교통정온화사업이 필요한 지역

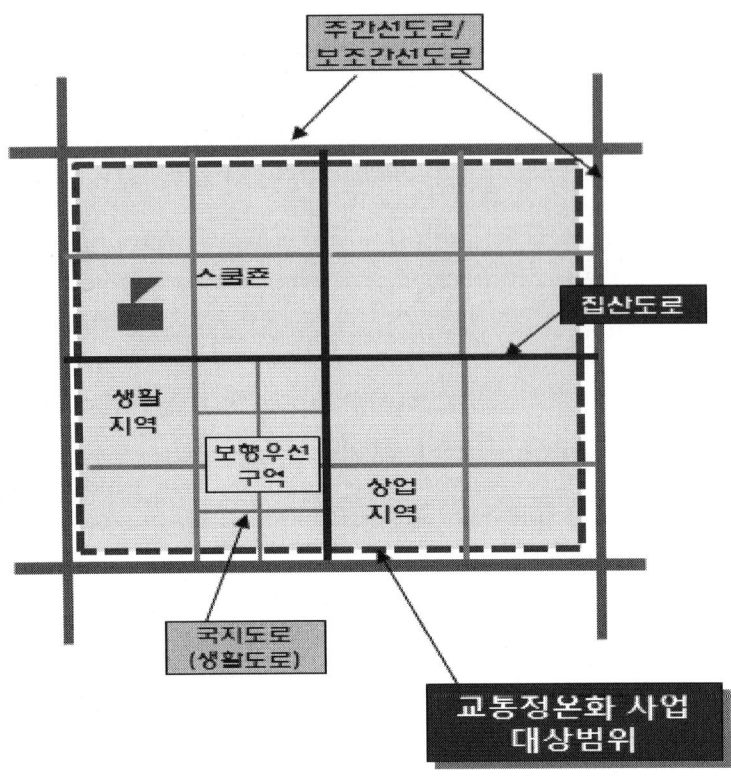

[그림 5.1] 한국형 교통정온화사업의 범위

1.2 도로의 위계에 부합하는 기법의 적용

권역 내의 도로는 각 주택 앞에서 마당처럼 사용하는 도로부터 지구에서 발생하는 교통을 간선도로로 연결하는 비교적 교통량이 많은 도로까지 다양하게 존재하므로 적용대상 도로를 현재와 장래의 이용행태와 전망을 고려하여 도로가 담당하는 기능을 바탕으로 하여 정비유형을 분류하고 정비목표에 따라 교통정온화기법을 선별적으로 적용하는 것이 바람직하다.

도로의 기능을 적절하게 유지하고 위계에 부합하는 기법의 차별적 적용을 위해서는 사업대상 범위의 정비유형을 아래와 같이 구분하여 적용하는 것이 효율적이므로 TYPE Ⅰ,Ⅱ(존 30) 및 TYPE Ⅲ(보행우선구역)로 구분하여 진입체계를 "간선도로 / 보조간선도로 → 존 30 → 보행우선구역 → 주거지"로 유지하도록 하고, 정비유형에 따른 물리적 기법과 교통규제에 의한 제도적 기법을 차별화하여 적용한다.

[표 5.1] 정비유형별 적용대상 도로

TYPE Ⅰ	집산도로, 국지도로
TYPE Ⅱ	생활도로를 포함하는 국지도로
TYPE Ⅲ	생활도로 위주의 국지도로

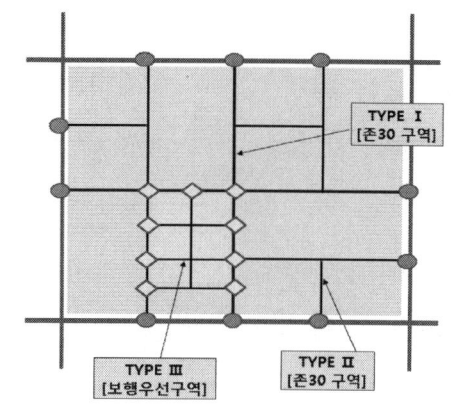

[그림 5.2] 사업의 대상범위와 정비유형 구분

[표 5.2] 정비유형에 따른 기법의 차별적 적용방안

정비유형	물리적 기법	제도적 기법
TYPE Ⅰ	• 존 경계부 진출·입부, 교차로 계획 중심 • 지그재그 차선, 보행섬식 횡단보도 등 평면적 기법 위주 적용	• 존 30 규제 • 통행방해 요소 발생 시, 불법주차 규제
TYPE Ⅱ	• 가로구간, 교차로구간에 정온화기법 적극적 도입 • 과속방지턱, 고원식 교차로, 차로폭 좁힘, 시케인 등 평면적, 수직적 기법 적용	• 존 30 규제 • 대형차 통행금지 및 일방통행 규제
TYPE Ⅲ	• 주행속도 및 통행량에 따른 기법의 탄력적 적용 • 생활환경과 도로폭원 등 주변여건 고려 과속방지턱, 엇갈림 주차, 포트 등 적용	• 보행우선구역 규제 • 대형차 통행금지 및 일방통행 규제

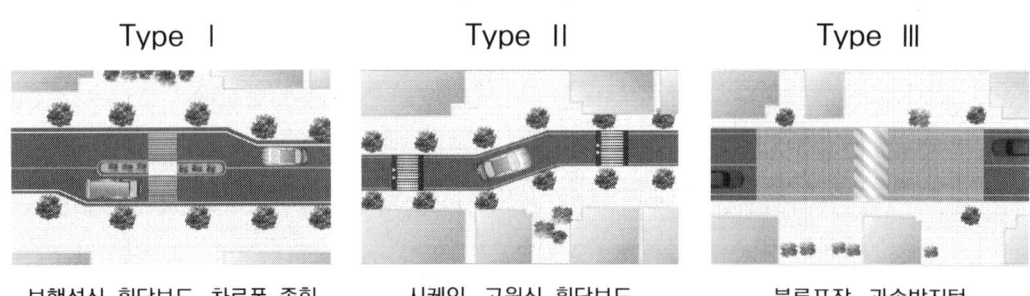

[그림 5.3] 정비유형별 기법의 차별적 적용사례

2. 운전자의 주행특성을 고려한 시설기준

2.1 적용사례와 효과분석을 통한 적용성 확보

(1) 존 30 (30km/h 최고속도 제한) 적용 근거

교통정온화기법의 핵심적 요소는 교통정온화지역을 운행하는 차량에 대해서 저속으로 주행하도록 하는 기법을 적용하는 것으로 교통정온화기법의 물리적 시설도 저속주행을 유도하는 것에 초점이 맞추어져 있다.

속도별 보행자 손상을 컴퓨터 시뮬레이션인 마디모(madymo)와 실제 사례 분석을 통해 살펴본 결과, 보행자의 충돌 후 거동이 충돌속도가 30km/h일 때, 머리 부분은 자유낙하 운동을 하듯이 충돌 후, 바로 차량 앞쪽으로 낙하하는 랩 트레젝토리(Wrap Trajectory) 현상이 발생하고, 충돌속도가 이보다 높아질수록 보행자 머리 부분이 차량 후드 위 또는 전면유리 등에 2차 충돌하는 고유의 선회특성을 나타내며, 비행한 후 노면에 낙하하여 미끄러지거나 구르면서 최종 정지하는 휀더 볼트(Fender Vault), 루프 볼트(Roof Vault) 현상이 발생하는 것으로 분석되었다.

결국, 충돌속도가 40km/h 또는 그 이상 고속에서 충돌이 발생하게 되면 충돌 후 보행자는 공중에서 한 바퀴 이상 급회전하며 병진운동, 종회전운동, 횡회전운동 등을 병행하며 다차원 형태의 선회특성을 나타내며 비행하게 된다.

속도별 하체 AIS 분포에 따라 충돌속도별 하체 AIS 누적분포를 나타낸 것이 아래 그림으로 AIS1의 경우 85%가 속도 37km/h 이하 범위에서, AIS2의 경우 속도 50km/h 범위에서, AIS3의 경우 속도 55km/h 범위에서, AIS4의 경우 속도 70km/h에 근접한 속도에서 발생하고 있으며, 속도가 높을수록 하체의 상해도가 높아짐을 알 수 있다.

※ AIS는 간략화 상해기준으로 인체손상의 정도는 AIS코드로 표기되는데, AIS1은 경상(輕傷), AIS2는 중상(中傷,) AIS3는 중상(重傷), AIS4는 중태(重態), AIS5는 빈사(瀕死), AIS6은 생존불능(生存不能) 상태를 말함.

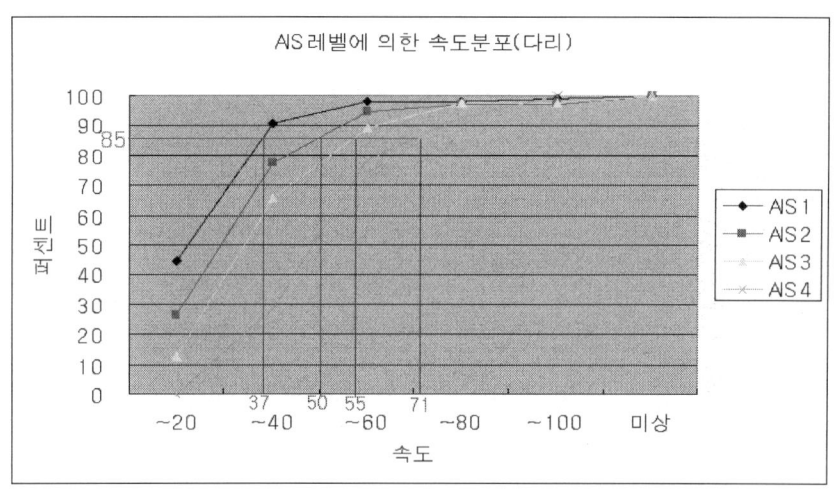

주) 보행자 친화적 첨단안전차량 개발 2차년도 최종보고서(건설교통부, 2005)

[그림 5.4] AIS 레벨에 의한 속도분포

 교통정온화 지역에서 제한속도를 30km/h로 공통적으로 적용하는 것은 네덜란드나 영국의 경우 안전성과 비용 측면에서, 독일의 경우 28km/h로 주행하면 사람이 갑자기 뛰어들더라도 10m 이내로 정지할 수 있다는 실험 연구결과를 기초로 하고 있다. 이러한 근거는 차량이 28km/h로 주행하면 정지거리가 약 10m가 되며, 15m는 물론이고 10m 전방에서 뛰어들었다고 해도 충돌속도는 거의 0km/h가 되어 교통사고를 회피하거나 경미한 부상으로 그칠 수 있게 된다. 단, 10m 이내의 거리에서는 보행자가 자동차의 접근을 알아차릴 수 있으므로 뛰어들 확률은 매우 낮다고 해석할 수 있다.
 따라서, 보행자의 안전을 확보하고 도로의 기능도 적절하게 유지할 수 있도록 하려면 교통정온화구역 내 주행속도를 30km/h 기준으로 운영하고 있으며, 최근 서울시를 비롯한 일부 자치단체에서는 어린이보호구역에서는 어린이 보행자의 안전을 더욱 강화하기 위해 주행속도를 낮추어 20km/h를 적용하는 추세이다.

(2) 안전성 향상을 위한 적용방안

해외자료를 검토한 결과를 분석하면 물리적 기법에 있어서는 회전교차로, 시케인, 과속방지턱, 차로폭 좁힘 등이 사고감소 효과가 큰 것으로 나타났으며, 보행자의 안전을 최대한 확보하기 위하여 교통정온화구역을 존 30, 보행우선구역으로 설정하여 운영하고 있다.

교통정온화구역 내, 도로의 위계에 부합하는 기법의 차별적 적용방안 마련을 위한 사례를 연구하여 국내여건을 고려한 교통정온화기법의 적용성과 효과를 분석한 결과, 교통정온화기법 적용 시 교통정온화구역 내 도로의 기능과 교통정온화의 평면적, 수직적 기법의 특성을 고려하여 효과와 적용성이 우수한 시설을 우선으로 설치하는 것이 바람직한 것으로 판단되었다.

또한, 도로의 기능을 적절하게 유지하고 보행자의 안전을 확보하기 위해 진출입구간에서는 Gateway 시설을 위한 표지와 고원식 횡단보도 등을 설치하고 적용성과 효과가 검증된 과속방지턱, 고원식 횡단보도, 고원식 교차로, 시케인, 차로폭 좁힘, 보행섬식 횡단보도와 초소형 회전교차로 위주로 기법을 적용하도록 한다.

유형별로 보면, Type I 에서는 도로의 기능 및 규모를 고려하여 보행섬식 횡단보도, 차로폭 좁힘 등 평면적 기법 위주로 적용하며, Type II 에서는 과속방지턱, 시케인 등 속도 저감 및 안전성 향상 효과가 큰 평면적, 수직적 기법을 가장 적극적으로 적용하고, Type III 에서는 주택과 가장 근접한 구간으로 구역 내 진입 시 주행속도가 이미 저감되었으며 통과교통량도 줄어든 상태이므로 도로 폭원과 생활환경 등을 고려하여 블록포장, 엇갈림 주차 등의 기법을 탄력적으로 적용하는 것이 바람직하다.

2.2 주행속도 저감을 위한 연속형 과속방지턱

(1) 연속형 과속방지턱의 적용성

주거지역과 생활지역 내 주행속도 저감과 보행자 안전을 확보하기 위하여 적용성과 효과가 우수한 과속방지턱에 대한 설치 근거를 마련하기 위한 조사·분석 결과, 속도저감 효과가 우수한 연속형 과속방지턱 설치기준에 대한 실험 및 모형식에 대해 국내특성 반영이 미흡하여 국내의 도로·교통환경과 운전자 주행특성 등을 고려한 교통정온화구역 내 연속형 과속방지턱의 적정한 설치간격 산정의 필요성이 제기되었다.

현재, '도로안전시설 설치 및 관리지침'(국토교통부, 2022)에는 대상 구간의 최대 주행속도를 30km/h 이하로 제한하고자 할 때, 과속방지턱의 설치간격을 35m로 제시하며 다음과 같은 관계 모형식을 제시하고 있다.

$$Y = 9.7573 X^{0.315821}$$

여기서, Y : 85백분위수 속도(km/h)
X : 과속방지턱의 설치간격(m)

'도로안전시설 설치 및 관리지침'에는 목표 제한속도와 설치 간격에 관한 모형을 제시하고 있으나 사전에 실험 준비가 되어 있는 피실험자가 직접 운전을 하며 얻어진 자료를 이용하였다는 점과 피실험자 인원이 5명으로 제한되어 피실험자의 수가 적다는 한계를 가지고 있으며, 설치간격에 대한 관계식은 제시되어 있으나 과속방지턱의 효과가 발휘되는 최대간격에 대한 검토가 이루어지지 않은 한계성이 있다.

(2) 연속형 과속방지턱 설치간격 산정

한국형 교통정온화 연구에서 연속형 과속방지턱의 적정 설치간격을 산정하기 위하여 제한속도 30km/h로 운영되는 구역에서 서로 다른 간격의 연속형 과속방지턱을 통과하는 차량의 속도를 조사하여 연속형 과속방지턱이 차량의 주행속도에 미치는 영향을 분석하였다.

과속방지턱은 차량의 속도를 줄이는 대표적인 교통정온화기법으로 차량의 속도를 30km/h 이하로 제어하기 위한 연속형 과속방지턱의 적정간격은 20m로 나타났으며, 과속방지턱을 통과하는 차량의 감속도를 비교한 결과, 설치간격이 70m 이상이면 연속형 과속방지턱으로의 효과가 없는 것으로 나타났으며, 연속형 과속방지턱의 최소설치간격 모형과 설치간격 산정은 다음과 같다.

$$V_{85} = 0.1031S + 27.9131$$

여기서, V85 = 85% 속도(km/h), S = 과속방지턱의 설치간격(m)
- 30km/h 제한속도를 유지하기 위한 과속방지턱 간격 : 20m

- 연속형으로 역할을 할 수 있는 과속방지턱 간격 : 70m
- 과속방지턱을 연속으로 설치하는 경우 적정 설치간격은 20m~70m 권장

3. 주변여건에 따른 교통정온화 설계기법

3.1 도로 폭원에 따른 적용방안

도시부 도로를 기능·규모별에 따라 구분하였을 경우, 접근성이 강조되는 집산도로와 국지도로에 교통정온화기법을 적용할 수 있으며, 적용대상이 되는 도로는 도로 기능 및 규모에 따른 도로 폭원 구성에 따라 시케인, 차로폭 좁힘 위주로 적용하며, 주변여건에 따라 적절한 조합설치를 통하여 교통정온화구역 내 보행자의 안전성을 확보하도록 한다.

(1) 집산도로(중로 1류: 폭원 B=20~25m)

집산도로(중로 1류)의 경우 시케인 기법을 적용할 수 있으며, 장래에 교통정온화기법 적용이 정착된 후 교통량 감소, 운전자 인식개선 등을 통해 기존 4차로로 운영되는 도로를 2차로로 차로수를 감소시켜 차로폭 좁힘 기법의 적용도 고려하여야 한다.

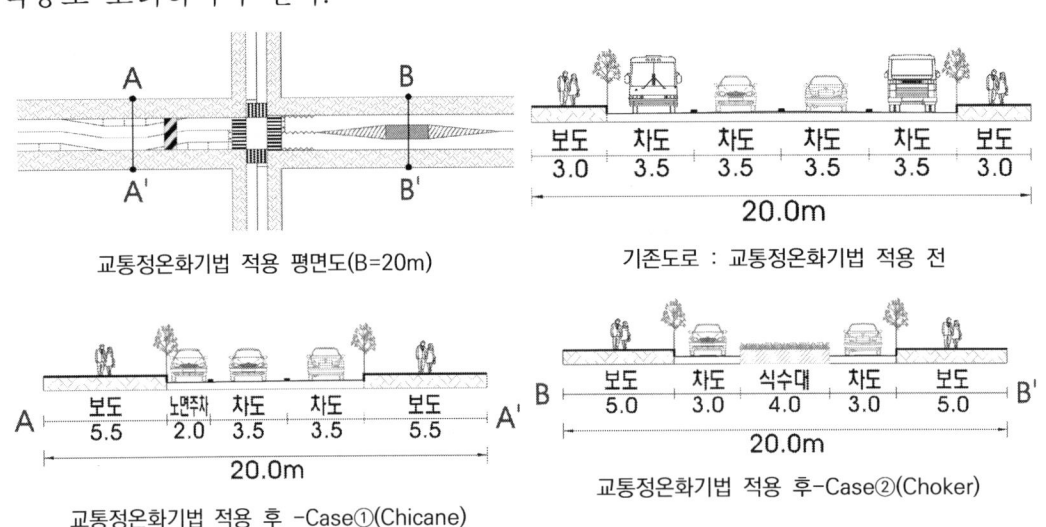

(2) 집산도로(중로 2류: 폭원 B=15~20m)

집산도로(중로 2류)의 경우 기존 4차로 유지 시, 시케인 기법 적용은 폭원 부족 및 다차로의 곡선부 주행 시 안전성 저하 등의 문제로 인하여 다소 무

리가 있으므로 통과교통량 억제를 위해 차로수 축소로 2차로 운영 시, 노면 주차장(엇갈림 주차, Alternate Parking), 포트(Fort) 등의 적용을 통하여 시케인 및 차로폭 좁힘 기법을 적용할 수 있다.

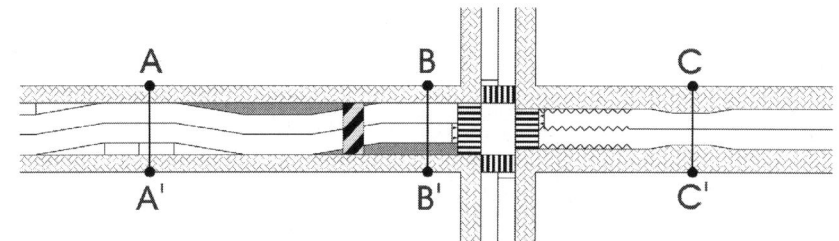

교통정온화기법 적용 평면도 (B=15m)

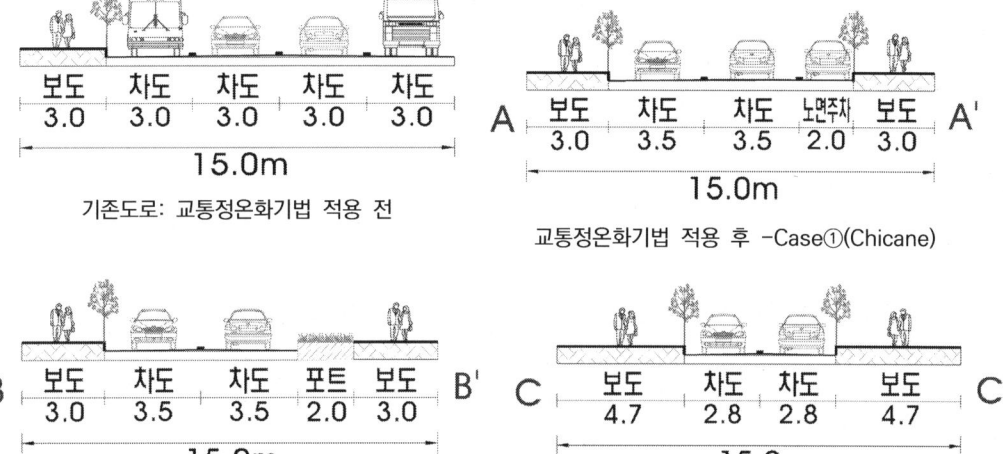

(3) 집산도로(중로 3류: 폭원 B=12~15m)

집산도로(중로 3류)의 경우 기존 2차로를 유지하며 도로폭 조정을 통한 시케인 기법 및 차로폭 좁힘 기법 등을 적용할 수 있다.

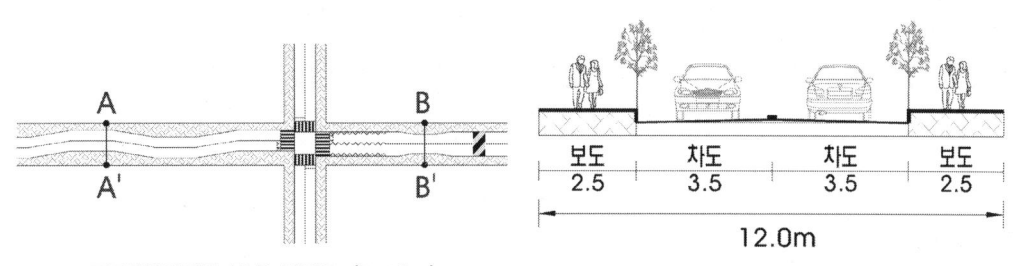

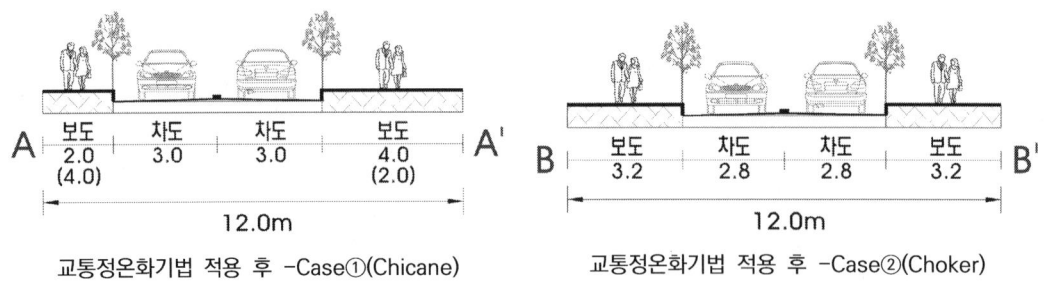

교통정온화기법 적용 후 -Case①(Chicane)   교통정온화기법 적용 후 -Case②(Choker)

(4) 국지도로(소로 1류: 폭원 B=10~12m)

국지도로(소로 1류)의 경우 시케인 기법은 보도의 폭원 확보가 불가능한 구간에 보행단절이 발생하므로 적용이 어렵지만, 보도를 확장한 후 차로폭 좁힘 기법을 적용하여 통과교통량 억제와 속도저감 효과를 얻을 수 있다.

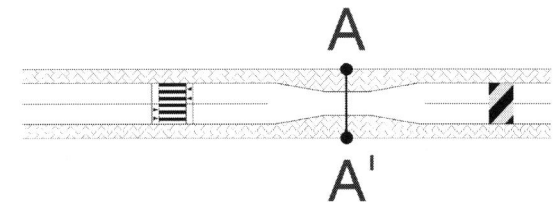

교통정온화기법 적용 평면도 (B=10m)

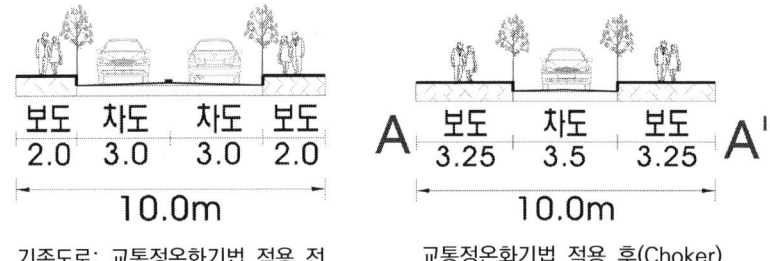

기존도로: 교통정온화기법 적용 전   교통정온화기법 적용 후(Choker)

(5) 국지도로(소로 2류 : 폭원 B=8~10m)

국지도로(소로 2류)의 경우 폭원의 제약을 많이 받으므로 도로 횡단구성의 변화로 교통정온화기법을 적용하기에는 다소 무리가 있다. 다만, 우회도로가 있으면 일방통행으로 운영하며 노면주차장(엇갈림 주차, Alternate Parking), 포트(Fort)를 설치한 Crank형 시케인 기법을 적용할 수 있다. 다만, 최근의 생활도로 구간에서 보차공존도로 개념을 적극적으로 적용할 경우, 보차도를 분리하지 않고 포트와 시케인을 적용할 수 있다.

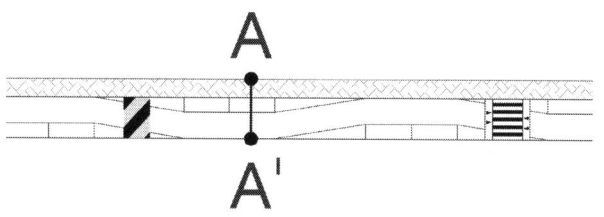

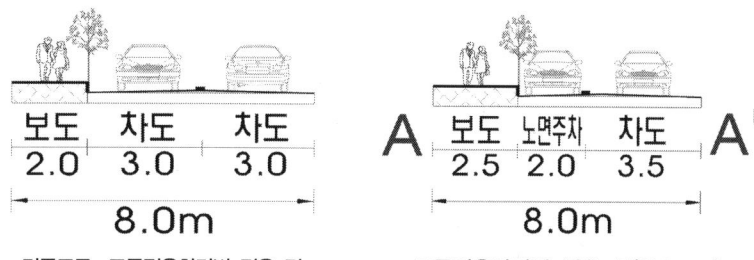

(6) 국지도로(소로 3류: 폭원 B=8m 미만)

국지도로(소로 3류)의 경우 대체로 보차겸용 도로로 운영되고 있으므로 보도를 설치하여 보행자의 통행권을 확보하는 동시에, 포트(Fort)를 설치하고 Crank형 시케인 기법을 적용할 수 있다. 다만, 최근의 생활도로 구간에서 보차공존도로 개념을 적극적으로 적용할 경우, 보차도를 분리하지 않고 포트와 시케인을 적용할 수 있다.

3.2 보행자와 자동차 교차지점 적용방안

보행자와 자동차가 교차하는 지점은 보행자의 안전을 위해 차량의 속도를 줄여야 하며, 보행환경 개선효과가 있는 물리적 교통정온화기법을 적절하게 사용하여야 한다. 보행자와 자동차의 교차지점에 통과차량의 속도를 줄이는 교통정온화기법의 적용은 2개의 기법이 적절하게 조합되어야 기대하는 효과를 얻을 수 있다.

[표 5.3] 보행자와 자동차 교차지점의 속도저감을 위한 정온화기법

대상	방법	기법 개요	교통량 제어	속도 제어	노상 주차 대책	보행 환경 개선
물리적 기법	교차점 입구 과속방지턱	형태는 단로부의 사다리꼴 과속방지턱과 같으며 진출입 차량의 통행속도를 저감	△	○	×	◎
	고원식 교차로	교차점 전체를 높이는 형태의 과속방지턱	△	○	×	◎
	교차로 폭 좁힘	형태는 단로부와 같으며, 교통사고 방지, 교통류 제어, 속도저감 등을 목적으로 사용	○	○	☆	☆
	초소형 회전교차로	중앙에 원형의 교통섬을 설치하고, 유입교통을 한 방향으로 회전시켜 처리하는 시설	○	○	×	×
	엇갈림 교차로	차량통행 영역의 선형을 교차점 내에서 이동시켜 속도저감을 유도	○	○	☆	×
	차단 (대각선, 편측)	교차점에서 특정방향의 통행을 차단하여 차량이 진행할 수 있는 방향을 제한	◎	×	×	☆
제도적 기법	통행방향 지정	교차로에서 특정방향을 지시해서 일방통행 도로의 역주행이나 통행금지구역 진입을 방지하고 차량의 흐름을 제어하여 통과교통 배제	○	×	×	×
	일시정지 규제	교차로에서 주의운행을 환기시켜 교통사고 감소를 목적으로 적용	×	○	×	×
	교차로 표시	주택지 이면도로에서 신호가 없는 교차로를 식별하기 어려울 때 교차로의 존재와 형상을 표시	×	○	×	×

주) ◎ 효과 큼, ○ 효과 보통, △ 효과 적음, ☆ 설치방법에 따라 효과 있음, × 효과 없음(크게 관련 없음)

3.3 통과교통 억제를 위한 적용방안

외부차량과 그 지역을 통과하는 차량의 교통량이 많으면 통과교통량에 대한 속도저감이 필요하며 이를 위한 정온화기법은 다음과 같이 물리적 기법과 교통규제에 의한 제도적 기법이 있으며, 교통정온화기법의 적용은 2개의 기법이 적절하게 조합되어야 효과를 얻을 수 있으며 교통량제어 효과가 큰 기법을 우선으로 적용하여야 한다.

[표 5.4] 통과교통 억제를 위한 정온화기법

대상	방법		기법 개요	교통량제어	속도제어	노상주차대책	보행환경개선
물리적 기법	과속방지턱	사다리꼴 과속방지턱	차도 노면에 설치하는 볼록형 포장. 표면은 편평하고, 경사면은 완만한 사다리꼴 형상	○	◎	×	☆
		활꼴 과속방지턱	차도 노면과 완만한 경사를 가지는 활모형 단면 형태를 가진 과속방지턱	○	◎	×	×
		스피드쿠션	대형차가 정점부를 물리적 충격 없이 통과할 수 있도록 폭을 좁게 한 과속방지턱	○	◎	×	×
		이미지 과속방지턱	포장에 노면 도색으로 시각적으로 주의주행을 하도록 유도하는 방법	△	△	×	×
	요철포장		포장에 홈을 파서 차량에 진동과 공명음을 일으켜 주의주행을 하도록 하는 시설	○	○	×	×
	차로폭 좁힘 (Choker)		차로폭을 물리적 또는 시각적으로 좁혀서 저속주행을 유도하는 시설	○	◎	☆	☆
	지그재그 형태 도로(Chicane)		차량통행 영역의 선형을 지그재그 형태로 만들어 속도저감을 유도하는 방법	○	◎	☆	×
제도적 기법	보행자용 도로규제		보행자 전용도로로 자동차를 배제하고 보행자 등을 최우선으로 하는 도로에 적용	○	×	○	○
	일방통행 규제		자동차 통행의 원활화를 목적으로 폭이 좁은 도로에 통행방향을 제한하는 것	○	×	×	×
기타	30km/h 최고속도 규제		최고속도 규제를 네트워크 전체에 적용하여 복수의 도로를 속도규제 도로로 지정함	○	○	×	○

주) ◎ 효과 큼, ○ 효과 보통, △ 효과 적음, ☆ 설치방법에 따라 효과 있음, × 효과 없음(크게 관련 없음)

3.4 주행속도 20km/h를 위한 적용방안

 교통정온화구역을 주행속도를 20km/h 이하로 유지하기 위해서는 1개의 정온화기법을 적용하기보다는 기법을 조합하여 효과를 극대화하는 것이 필요하다. 과속방지턱 간격 적용에도 방지턱 간격을 좁혀 무리하게 속도저감을 유도하기보다는 제도적 기법과 병행하여 운전자에게도 지나친 부담을 주지

말아야 한다.

생활도로, 보행우선구역, 어린이보호구역에는 노약자, 어린이를 비롯한 교통약자들이 많으므로 회전교차로, 시케인, 과속방지턱, 차로폭 좁힘 등 교통사고 감소 효과가 높은 시설을 우선하여 설치하고 주변여건 및 도로교통 여건에 따라서 조합효과가 큰 기법 위주로 적용하는 것이 바람직하다.

물리적 기법과 교통규제에 의한 기법의 조합 효과사례를 예시하면 다음과 같으며, 대상기법을 도로교통 여건에 따라 탄력적으로 적용하도록 한다.

[표 5.5] 주행속도 저감을 위한 정온화기법 조합효과

목적	물리적 기법	제도적 기법	조합에 의한 효과	장소	비고
속도 저감	시케인, 차로폭 좁힘, 초소형 회전교차로 등	대형차 통행금지, 일방통행 규제	운전자의 빈번한 핸들 조작을 유도하고 대형차 통행금지나 일방통행 규제와 조합하여 속도저감 효과 유도	존경계 및 교차로구간	○
교통량 억제	교차로 입구 과속방지턱	존 20, 최고속도 규제	존 경계나 교차로 구간 속도저감 유도 목적으로 출입구를 명시하는 의미로 외곽 도로에서 관리권역 내로 들어오는 입구부에 과속방지턱을 설치	존경계 및 교차로구간	○
교통량 억제	차단 또는 도류화 등	일방통행 규제	차단이나 도류화 등을 교차로에 적용할 때 교차로의 규모가 커지는 것도 고려해야 하므로 면적인 일방통행 규제와 조합	존경계 및 교차로구간	○
보행 환경 개선	과속방지턱	횡단보도	보도의 높이에 맞추어 과속방지턱(사다리꼴) 횡단보도 등을 조합시켜 보행 경로의 평탄성을 향상시킴	가로구간	○
보행 환경 개선	교차로 입구 과속방지턱	횡단보도	교차로 입구 과속방지턱에 횡단보도를 조합, 보도의 단차가 없어져 휠체어 이용자 등 교통약자의 도로횡단이 용이함	존경계 및 교차로구간	◎
보행 환경 개선	차로폭 좁힘	횡단보도	차로폭 좁힘과 횡단보도 조합은 횡단거리를 짧게 하는 이점이 있음	가로구간	○

주) ◎ 조합 필요, ○ 조합하면 효과가 높아짐

4. 아파트 단지 유형별 교통정온화 설계기법
4.1 지상 주차장 설치 아파트 단지

 지상형 주차장만 설치된 아파트 단지는 초기의 아파트 단지 형태로 주차면수 대비 차량대수가 상대적으로 많은 단지이다. 특히 오래된 아파트 단지일수록 주차대수의 부족으로 인하여 진출입로와 주차 통로 상에 불법주차가 성행하며, 진출입로 상에는 보행동선과 차량동선이 혼재되어 있어 차량에 대한 보행자의 안전성이 열악한 실정이므로 교통정온화기법이 적극적으로 도입되어야 한다.

 지상주차장 형태의 아파트 단지 내에 적용이 가능한 교통정온화기법은 [표 5.6]과 같으며, 속도저감을 위해 과속방지턱, 고원식 횡단보도 등을 적용하고 단지 내 도로여건을 고려하여 초소형 회전교차로 및 불법 노상주차 방지를 위한 차량진입 억제용 말뚝 등의 적용을 검토하여야 한다. 특히, 차량과 보행자의 동선이 혼재된 경우가 많으므로 차량의 속도저감과 보행환경 개선효과가 큰 기법을 우선하여 적용한다.

[그림 5.5] 지상 주차장 형태의 아파트 단지

[그림 5.6] 지상 주차장 형태의 아파트 단지

[표 5.6] 지상 주차장 형태 아파트 단지에 적용 가능한 정온화기법

대상	방법		기법 개요	교통량제어	속도제어	노상주차대책	경관개선	보행환경개선
가로부	과속방지턱	사다리꼴 과속방지턱	차도노면에 설치하는 볼록형 포장. 표면은 편평하고, 경사면은 완만한 사다리꼴 형상	○	◎	×	☆	☆
		활꼴 과속방지턱	노면과 완만한 경사를 가지는 활 모형 단면형태를 가진 과속방지턱	○	◎	×	☆	×
		스피드쿠션	대형차가 정점부를 물리적 충격 없이 통과할 수 있도록 폭을 좁게 한 과속방지턱	○	◎	×	☆	×
		이미지 과속방지턱	포장 변화로 시각적으로 주의 주행을 하도록 유도하는 방법	△	△	×	☆	×
	주정차 공간		주차수요 등에 맞추어 필요한 최소한의 공간을 한정적으로 확보	×	×	◎	☆	×
교차부	교차점 입구 과속방지턱		형태는 단로부의 사다리꼴 과속방지턱과 같고 진출입 차량의 통행속도를 저감하는 시설	△	○	×	☆	◎
	고원식 교차로		교차점 전체를 높이는 형태의 과속방지턱	△	○	×	☆	◎
	미니 회전교차로		중앙에 원형의 교통섬을 설치하고, 유입교통을 한 방향으로 회전시켜 처리하는 시설	○	○	×	☆	×
기타	차량진입 억제용 말뚝		차량 정지 및 진입금지를 위해 설치하는 말뚝	×	×	◎	☆	☆

주) ◎ 효과 큼 ○ 효과 보통, △ 효과 적음, ☆ 설치방법에 따라 효과 있음, × 효과 없음(크게 관련 없음)

[그림 5.7] 지상 주차장 형태에 적용이 가능한 교통정온화기법

4.2 지상 주차장과 지하 주차장 혼합 아파트 단지

  지상 주차장과 지하 주차장이 혼합된 아파트 단지는 늘어나는 주차차량 대수의 변화에 따라 지하 주차장 설치 비율을 점차 강화하여 생긴 단지형태이다. 지상 주차장에는 보행동선과 차량동선이 혼재되어 있으며, 특히 지하 주차장 출입구에서 보행자의 안전성이 다소 열악하여 교통사고 발생이 우려되는 실정이므로 고원식 과속방지턱이나 고원식 교차로, 이질포장 등 보행자 안전 위주의 교통정온화기법이 적극적으로 도입되어야 한다.

[그림 5.8] 지상 주차장과 지하 주차장이 혼합된 아파트 단지

[그림 5.9] 지상 주차장과 지하 주차장이 혼합된 형태의 아파트 단지

　지상 주차장과 지하 주차장이 혼합된 형태의 아파트 단지 내 적용 가능한 교통정온화기법은 다음의 [표 5.7]과 같으며 속도저감을 위해 과속방지턱, 고원식 교차로, 시케인, 초커, 초소형 회전교차로 등을 적용하고 보행환경 개선 효과가 큰 기법의 우선 적용을 검토하여야 한다.

　특히, 지하 주차장 진출입로에는 차량과 보행자의 상충이 우려되므로 고원식 과속방지턱, 고원식 교차로 등을 설치하여 속도저감을 유도하거나 유색포장이나 블록포장 등 이질포장을 설치하여 시인성을 높이고 속도저감 효과를 확보하는 방안을 고려하여야 한다.

[표 5.7] 지상·지하 주차장이 혼합된 아파트 단지에 적용 가능한 정온화기법

대상	방법		기법 개요	교통량 제어	속도 제어	노상 주차 대책	경관 개선	보행 환경 개선
가로부	과속방지턱	사다리꼴 과속방지턱	차도노면에 설치하는 볼록형 포장. 표면은 편평하고, 경사면은 완만한 사다리꼴 형상	○	◎	×	☆	☆
		활꼴 과속방지턱	노면과 완만한 경사를 가지는 활 모형 단면형태를 가진 과속방지턱	○	◎	×	☆	×
	요철 포장		포장에 홈을 파서 차량에 진동과 공명음을 주어 주의 주행을 하도록 하는 시설	○	○	×	☆	×
	차로폭 좁힘 (Choker)		차로 폭을 물리적 또는 시각적으로 좁혀서 저속 주행을 유도하는 시설	○	◎	☆	☆	☆
	지그재그 형태 도로(Chicane)		차량통행 영역의 선형을 지그재그 형태로 만들어 속도 저감을 유도하는 방법	○	◎	☆	☆	×
	주정차 공간		주차수요 등에 맞추어 필요한 최소한의 공간을 한정적으로 확보	×	×	◎	☆	×
교차부	교차점 입구 과속방지턱		형태는 단로부의 사다리꼴 과속방지턱과 같고 진출입 차량의 통행속도를 저감하는 시설	△	○	×	☆	◎
	고원식 교차로		교차점 전체를 높이는 형태의 과속방지턱	△	○	×	☆	◎
	교차로 폭 좁힘		형태는 단로부와 같음 사고방지, 교통류제어에 사용	○	○	☆	☆	☆
	미니 회전교차로		중앙에 원형의 교통섬을 설치하고, 유입 교통을 한 방향으로 회전시켜 처리하는 시설	○	○	×	☆	×
기타	차량진입 억제용 말뚝		차량 정지 및 진입금지를 위해 설치하는 봉	×	×	◎	☆	☆

주) ◎ 효과 큼　○ 효과 보통,　△ 효과 적음,　☆ 설치방법에 따라 효과 있음,　× 효과 없음(크게 관련 없음)

[그림 5.10] 지상·지하 주차장이 혼합된 형태에 적용 가능한 교통정온화기법

4.3 지하 주차장 설치 아파트 단지

지하 주차장만 설치된 아파트 단지는 최근 늘어난 자동차 대수와 단지 내 보행자의 안전을 고려해 설치된 단지이다. 지하 주차장만 설치된 형태의 아파트 단지 내 적용이 가능한 교통정온화기법은 [표 5.8]과 같으며 단지 내 도로에는 시케인, 초커, 초소형 회전교차로 등 속도저감 효과가 큰 기법을 우선 적용하여야 하며 지하주차장 진출입로에는 보행자 안전을 고려한 기법의 우선 적용이 필요하다.

특히, 지하 주차장 진출입로에는 차량과 보행자의 상충이 우려되므로 고원식 과속방지턱, 고원식 교차로 등을 설치하여 속도저감을 유도하거나 유색포장이나 블록포장 등 이질포장을 설치하여 시인성을 높이고 속도저감 효과를 확보하는 방안을 고려하여야 한다.

[그림 5.11] 지하 주차장만 설치된 아파트 단지

[그림 5.12] 지하 주차장만 설치된 형태의 아파트 단지

[표 5.8] 지하 주차장만 설치된 아파트 단지에 적용 가능한 정온화기법

대상	방법		기법 개요	교통량제어	속도제어	노상주차대책	경관개선	보행환경개선
가로부	과속방지턱	사다리꼴 과속방지턱	차도노면에 설치하는 볼록형 포장. 표면은 편평하고, 경사면은 완만한 사다리꼴 형상	○	◎	×	☆	☆
		활꼴 과속방지턱	노면과 완만한 경사를 가지는 활 모형 단면형태를 가진 과속방지턱	○	◎	×	☆	×
	차로폭 좁힘 (Choker)		차로 폭을 물리적 또는 시각적으로 좁혀서 저속 주행을 유도하는 시설	○	◎	☆	☆	☆
	지그재그 형태 도로(Chicane)		차량통행 영역의 선형을 지그재그 형태로 만들어 속도 저감을 유도하는 방법	○	◎	☆	☆	×
교차부	교차점 입구 과속방지턱		형태는 단로부의 사다리꼴 과속방지턱과 같고 진출입 차량의 통행속도를 저감하는 시설	△	×	×	☆	◎
	고원식 교차로		교차점 전체를 높이는 형태의 과속방지턱	△	○	×	☆	◎
	미니 회전교차로		중앙에 원형의 교통섬을 설치하고, 유입 교통을 한 방향으로 회전시켜 처리하는 시설	○	○	×	☆	×
기타	차량진입 억제용 말뚝		차량 정지 및 진입금지를 위해 설치하는 봉	×	×	◎	☆	☆

주) ◎ 효과 큼 ○ 효과 보통, △ 효과 적음, ☆ 설치방법에 따라 효과 있음, × 효과 없음(크게 관련 없음)

6
CHAPTER

한국형 교통정온화사업의 대상범위와 적용방안

1. 한국형 교통정온화의 방향

한국형 교통정온화에서 추구되어야 할 기본목표로 '보행 안전성, 쾌적성, 심미성, 지역 정체성, 보행자 이동 편의성' 등 5가지를 설정하여 사업대상지의 기본목표 및 전략 수립 시 토지이용 현황, 도로교통 조건, 생활환경 등 대상지 여건에 맞추어 계획 수립에 이를 고려하여 적절한 기본목표를 수립하도록 한다.

기본목표	내 용
보행 안전성	교통사고, 범죄 등의 위험을 최소화하는 의미로 보행자가 차량으로부터 안전성을 확보해야 함
쾌적성	생활도로의 질적인 측면과 관련이 있으며, 대상지에서 느끼는 상쾌하고 기분 좋은 느낌을 의미함
심미성	아름다움을 추구하는 보편적인 감정을 가로시설물에 적용하되 시설물 본연의 실용성을 살리는 경관디자인을 추구함
지역 정체성	대상 지역이 다른 지역과 구분되고, 지역의 특징이 나타나는 정체성을 의미함
보행자 이동 편의성	보행 장애물 또는 부적절한 보행 편의시설, 좁은 보도폭 등에 의한 보행 방해 없이 목적지로 이동하는 것을 의미함

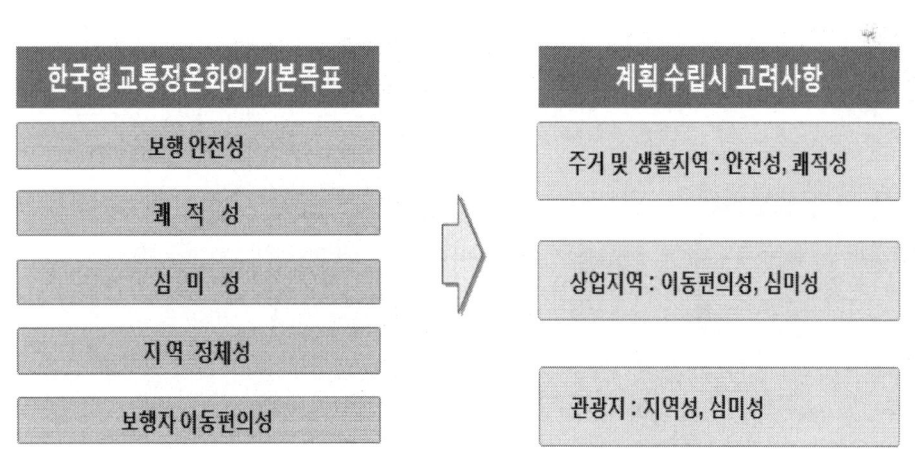

[그림 6.1] 한국형 교통정온화의 기본목표

또한, 교통정온화기법은 적용과 운영사례를 통하여 안전성 등 효과가 이미 검증되었으며, 도로교통 분야의 선진국인 유럽과 미국, 일본 등 전 세계적으로 전파되어 사업화되고 있으므로 한국형 교통정온화사업은 국내여건에 부합되는 도로의 기능과 규모에 따른 적절한 사업의 대상범위 설정과 기법의 적용방안 측면에서 접근해야 할 것이다.

초기에 교통정온화 관련 유사사업은 보행우선도로와 같은 "선" 개념에서 출발하였으나 교통정온화 개념의 확대로 "면"적인 접근규제와 시설설치가 이루어졌으며, 이와 함께 교통정온화의 제도적 기반이 마련되었다.

네덜란드, 영국, 미국, 일본 등 교통정온화 선진국과 비교하여 볼 때 토지이용 현황과 주거환경, 법적 제도, 지역주민과 운전자의 참여의식 등 국내의 여건과 부합되지 못하는 측면이 있으며, 교통정온화기법의 적용에서도 각 도로의 기능을 유지하고 안전을 확보하기 위하여 Zone 별 선별적으로 적용하고 있다.

따라서, 한국형 교통정온화사업을 시행하면서 주거지로의 접근은 '집산도로→국지도로→생활도로→주거지"로 접근체계를 유지하며, 토지이용 현황, 주거환경, 생활도로의 기능과 현황 등을 고려하여 사업의 대상범위에도 집산도로와 국지도로를 포함하여 단계적인 접근체계로 교통정온화기법을 적용하는 것이 바람직할 것이다.

- 초기에 "선" 개념에서 출발하였으나 교통정온화 개념의 확산으로 "면" 적인 접근으로 확대

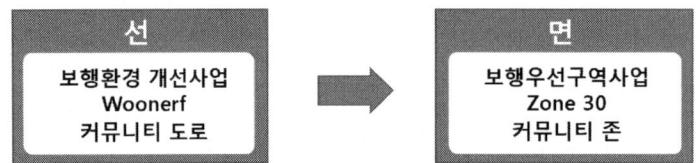

- 도로 기능별 접근체계에 따른 사업대상 범위 설정
  - 최고속도 30km/h 이하 규제 시, 도로기능이 유지되고 보행안전 확보가 가능한 집산도로 및 국지도로를 포함하는 Zone(면)을 적용대상으로 설정
- Zone 별 도로기능 유지, 보행 안전성 확보를 위한 기법의 선별적 적용

[그림 6.2] 한국형 교통정온화사업의 대상범위 및 기법 적용을 위한 방향

2. 한국형 교통정온화사업의 대상범위

「도로의 구조·시설 기준에 관한 규칙」에 따른 도로의 기능과 규모에 따라 교통정온화기법을 반영하기 위한 적절한 사업대상 범위를 설정하여야 한다. 국내외 연구 및 관련 사업의 사례를 통하여 보더라도 네덜란드 및 영국 등의 「존 30」이 본엘프 및 홈 존 등 「보차공존지구」보다 더욱 안전하고 비용 측면에서도 유리한 것으로 증명되어 유럽 등 교통정온화 선진국에서도 현재 「존 30」으로 대체하고 있다. (보행자보호구역 시설물 설치 표준지침 연구Ⅱ. 도로교통공단. 2009).

따라서, 한국형 교통정온화 사업은 주행속도를 30km/h 정도로 운영 시, 생활지역으로 진입체계를 고려하여 주거 및 생활권을 지원하며 이동성보다는 접근성을 위주로 하는 집산도로와 국지도로를 포함하는 '존'을 주요 대상범위로 한다.

최고속도 30km/h 이하의 도로나 통행속도 30km/h 이하로 운영할 필요가 있는 보행우선구역 또는 주행속도 30km/h(존 30) 이하 규제 시, 도로기능을 유지하고 안전을 확보할 수 있는 지역을 대상범위로 설정한다. 이러한 관점을 근거로 하여 한국형 교통정온화사업의 대상범위를 정리하면 다음과 같다.

- 집산도로 및 국지도로를 포함하는 존(zone)
  - 도로의 기능을 고려할 때 간선도로 또는 보조간선도로에 둘러싸인 면(Zone) 안에 있는 집산도로 및 국지도로
- 최고속도 30km/h 이하의 보행우선구역
  - 최고속도 30km/h 이하의 도로나 통행속도 30km/h 이하로 운영될 필요가 있는 보행우선구역
- 주택가 생활도로, 학교 주변, 근린상업지역, 관광지 등
  - 불법주차와 과도한 통과교통으로 인하여 생활환경이 질적으로 악화되고 보행자의 안전이 우려되는 생활도로, 학교주변, 상업지역 등 교통정온화사업이 필요한 지역

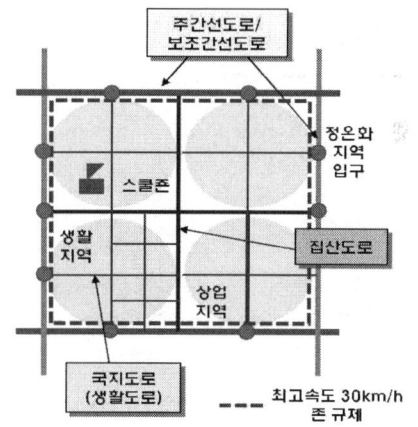

[그림 6.3] 한국형 교통정온화 사업의 범위

3. 한국형 교통정온화기법의 적용방안

한국형 교통정온화는 단편적인 기법의 적용이 아닌 철학과 전략에 의한 인간중심·친환경·경관디자인을 기법의 기본방향으로 설정하여 안전한 보행환경, 쾌적한 생활환경, 편안한 가로환경을 실현하는 것이다.

교통정온화의 기본전제는 '인간의 삶이 차량의 통행보다 우선되어야 한다'는 것이며, 어린이와 교통약자, 가정, 이웃이 쾌적하고 편안한 환경에서 생활하는 것이다. 한국형 교통정온화는 차량에 대한 개선이 아닌 가로와 도로를 사용하는 인간에게 그 중심이 맞춰져야 하며, 생활 속에서 누구나 정온화된 환경을 누릴 수 있도록 기본적인 SOC(Social Overhead Capital) 복지 차원에서 접근되어야 한다.

[그림 6.4] 한국형 교통정온화기법의 적용방향

3.1 정온화기법의 기본방향

한국형 교통정온화기법의 기본방향은 안전한 보행환경, 쾌적한 생활환경, 편안한 가로환경의 실현을 위하여 인간중심·친환경·경관디자인 기법을 반영하는 것으로 다음의 3가지로 구분하여 접근하고 실현하도록 한다.

(1) 인간중심의 교통정온화

어린이, 노인이나 장애인 보호구역, 주택가 생활도로, 주거지역 등의 생활환경, 가로환경, 보행 안전성 및 도로교통 환경의 개선을 위하여 인간중심의 교통정온화를 적용한다. 통과교통 및 주행속도 억제, 무질서한 노상주차 억제를 통해 인간중심의 생활공간을 확보하고, 유니버설 디자인(universal design)과 배리어 프리 디자인(barrier free design)을 적용하여 장애인, 교통약자를 포함한 모든 사람이 쉽게 이용할 수 있는 안전하고 쾌적한 생활환경과 가로환경을 조성하도록 한다.

도로에 유니버설 디자인을 적극적으로 적용하여 인간중심의 교통정온화를 실현해야 하며, 주행자 인식 SER(Self Explaining Road) 기법 등을 적용하여 자연스럽게 속도저감을 유도함으로써 거주자와 보행자의 안전을 확보해야 한다.

SER이란 도로를 보는 것만으로도 어떤 방식으로 운전해야 하는지 곧바로 전달되는 도로를 말하는 것으로 무조건 도로안전시설에 의존하는 것이 아니라 도로의 선형이나 주변 환경으로 도로 자체가 위험성을 운전자에게 전달해주는 도로이다. 이처럼 도로의 물리적 배열구성이나 주변 환경은 운전자에게 시각적인 정보를 주거나 안내판과 같은 역할을 하기도 한다.

도로의 폭, 차선 타입, 도로의 형태 등을 통하여 운전자에게 어느 정도의 속도로 운전하는 게 적절하다는 인식을 가질 수 있도록 자연스럽게 정보를 주고 도로의 선형을 안내하며 노선 폭을 예측할 수 있도록 해야 한다.

보도 확장으로 횡단거리 단축   안전한 자전거도로 확보   보행자를 위한 고원식 교차로

[그림 6.5] 인간중심의 교통정온화기법

(2) 친환경 중심의 교통정온화

교통시설에 대한 친환경 기법과 녹지축 보존과 확대를 통한 녹지 네트워크 구축으로 친환경 관점의 교통정온화기법을 추구한다. 생활도로와 보행자도로를 중심으로 자동차의 속도저감을 유도하고 초본류 등의 식생이 가능한

포장공법 적용으로 쾌적한 가로환경을 조성한다. 또한 녹지 네트워크 구축으로 도심의 열섬현상과 소음을 저감시켜 환경부하 저감 및 생태순환 효과를 기대한다.

식재에 의한 차음은 쾌적한 도로교통 환경조성뿐만 아니라 인공적인 방음벽보다 자연친화적이고 경관개선과 대기정화 효과도 있어 시설개선 효과가 높을 것으로 예상되며, 환경영향 저감을 위한 친환경기법인 LID(Low Impact Development) 기법의 적용도 고려한다.

공간기능과 체류기능 등 다양한 도로 기능을 고려하여 초본류 식생포장, 녹지가 조성된 포트, 친환경 주차장 등 도로 표면의 불투수층을 최소화하고 녹지축을 형성할 수 있는 LID기법 등을 교통정온화기법과 조합하여 국내의 조밀한 도시환경에 적용함으로써 쾌적하고 환경친화적인 교통정온화를 실현할 수 있을 것이다.

친환경 주차장

녹지가 조성된 회전교차로

LID 기법의 적용

[그림 6.6] 친환경 교통정온화기법

(3) 경관디자인을 반영한 교통정온화

과도한 형태의 정보 제공을 지양하고 일체감 있는 재료와 색채로 경관을 연출하며, 지역적 특성을 고려한 색채를 반영하여 편안한 가로환경을 조성하도록 한다.

교통정온화 경관시설물의 디자인은 편안한 가로환경을 목표로 과도한 형태의 정보 전달물을 설치하는 것을 지양하여 간결하고 비우는 디자인 개념을 적용해야 한다. 또한, 장식적 디자인 요소의 적용 범위를 제한하고, 기능적 요소의 통합수량을 제한하여 시설물 본연의 기능성을 극대화하는 디자인 개념을 반영하여 교통정온화와 함께 가로의 경관성을 확보하고 심미성을 높여 편안한 가로환경 조성에 이바지하도록 한다.

디자인을 반영한 고원식 횡단보도   교통정온화구역 안내표지판 디자인 (안)   경관디자인을 반영한 가로시설물

[그림 6.7] 경관디자인 기법을 반영한 교통정온화 경관시설물

3.2 정온화기법의 적용방안

권역 내 도로는 각 주택 앞에서 마당처럼 사용하는 도로부터 지구에서 발생하는 교통을 간선도로로 연결하는 비교적 교통량이 많은 도로까지 다양하게 존재하므로 적용대상 도로를 현재나 장래의 도로 이용행태와 변화하는 방향을 고려하여 대상이 되는 도로가 담당하는 기능을 바탕으로 유형을 TypeⅠ, TypeⅡ, TypeⅢ 등으로 분류하고 기법의 선정 시, 교통정온화 목표와 대상구간의 특성, 기법의 효과, 도로의 기능에 부합하는 기법인지를 확인해야 한다.

[표 6.1] 사업대상 범위의 유형 구분 및 정비목표

구분	주요기능	정비목표	대상도로
TYPE Ⅰ	• 권역 내 발생, 집중하는 교통을 외곽 도로로 연결하며 골격을 이루는 도로	• 자동차의 적절한 이동성과 통행속도 확보 • 보차분리에 의한 보행자 안전성 확보 • 평면적 기법 위주	집산도로 국지도로
TYPE Ⅱ	• 권역 내 TYPE Ⅰ의 도로로 연결하며 TYPE Ⅲ 내 주택지 접근기능의 도로	• 안전하고 쾌적한 보행공간 조성 • 통행량에 따라 보차분리 검토 • 평면적/수직적 기법 적극적 적용	국지도로 (생활도로 포함)
TYPE Ⅲ	• 권역 말단도로로 각 주택의 접근기능 도로 • 차량 이용은 제한적, 주로 보행자가 이용	• 쾌적한 생활환경 조성 • 보행속도 수준의 차량속도 유지 • 평면적/수직적 기법 탄력적 적용	국지도로 (생활도로 위주)

TYPE I은 집산도로와 국지도로의 기능을 가지는 도로를 사업대상으로 하며, 대상도로는 자동차 통행 규제는 별도로 하지 않고 권역 출입구 처리와 교차로 처리가 중심이 된다. 어느 정도 자동차에 대한 서비스를 확보해야 하므로 가능한 도로공간의 효율적 이용을 확보할 수 있는 평면적 기법과 교통규제 위주로 적용한다.

TYPE II는 생활도로를 포함하는 국지도로의 기능을 가지는 도로를 사업대상으로 하며, 대상도로는 권역 내부 거주자들을 위한 서비스 도로이므로 보행자와 자전거의 통행 안전성과 쾌적성이 확보되도록 도로구간과 교차로에 시설물 설치한다. 자동차 이용을 최소한으로 억제하여 보행자, 자전거를 최우선으로 하는 규제를 하고, 교차로에서는 주의 환기를 촉진하여 안전성이 향상되도록 하는 기법을 도입하며 평면적 기법과 수직적 기법을 적극적으로 적용한다.

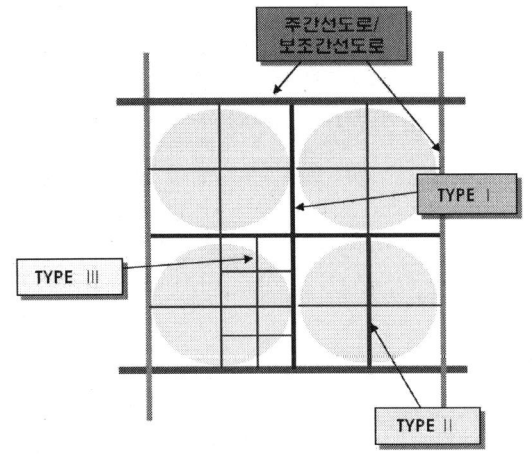

[그림 6.8] 사업대상 범위의 유형 구분

TYPE III는 생활도로 위주 국지도로의 기능을 가지는 도로를 사업대상으로 하며, 대상도로는 주거지 거주자와 관련된 차량 외에는 통행하지 않는 주행속도가 낮은 도로이므로 권역의 출입구와 교차로에서 설치되는 시설물로 충분할 때가 많으며, 평면적 기법과 수직적 기법을 탄력적으로 적용한다.

7
CHAPTER

빌리지 존 사업

1. '빌리지 존'과 교통정온화의 연계방안

지금까지 지자체별로 도로안전 개선, 안전시설 설치 등 다양한 도로안전정책을 추진하고 있으나 과거 대형사고 중심으로 사업대상을 선정하는 방식의 사후 대응으로는 한계가 있으며, 도로가 통과하는 구간의 지역공동체에서 필요로 하는 요구사항이 반영되지 못하는 문제가 있다.

그러므로 도로 주변으로 발달 된 주거지역과 연계하여 안전한 지역공동체 통행여건이 조성될 수 있도록 사고위험에 취약한 고령자와 보행자를 보호할 수 있는 도로구조의 변경, 안전기준 강화 및 관련 시설 확충, 교통정온화시설 반영 등을 통해 1차원적인 교통공학 관점 일변도에서 나아가 2차, 3차원적 관점인 교통환경, 교통심리학 관점에서 접근이 필요하다. 또한 행정기관 주도형에서 벗어나 '주민 참여형 도로 만들기 사업'을 통해 지역공동체 보전 차원에서 '도로 만들기 사업'으로 전환하여 도로환경과 도로안전 등을 동시에 추구할 필요성이 요망된다.

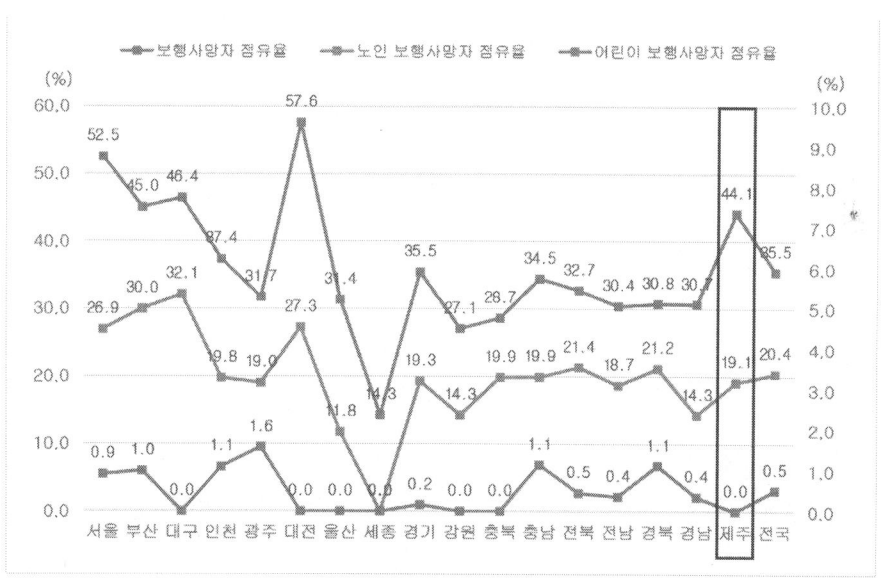

주) 광역지자체별 교통사고 사망자 중 보행사망자(상)·노인보행사망자(중)·어린이보행사망자(하)의 점유 비율, 출처: 도로교통공단

[그림 7.1] 광역지자체별 보행자 사상자 점유율, 2020년

빌리지 존과 관련되는 '마을주민 보호구간 설치 및 관리지침'(국토교통부, 2020)은 자동차가 통과하는 도로 주변의 마을주민을 교통사고의 위험으로부터 보호하기 위해 도로의 일정 구간을 '마을주민 보호구간'으로 지정·관리하는 절차 및 기준 등에 관하여 필요한 상황을 규정하고 있으며, 이 지침은 '도로법', '도로교통법' 및 '도로의 구조·시설 기준에 관한 규칙' 등에 따른 도로안전시설, 교통정온화시설과 교통안전시설의 설치와 관리에 적용하는 것으로 되어 있다.

제주특별자치도의 경우를 사례로 살펴보면, 현재 4차로로 공용 중인 일주도로(지방도 1132호선)에는 노인보호구역, 어린이보호구역 등이 부분적으로 설치되어 있으나 노면표시, 안내표지판 등이 제한적으로 반영되고, 체계적이지 않아 실효성이 떨어지는 것으로 분석되어 도로구조의 개선을 반영한 교통정온화기법이 실질적이고 체계적으로 적용되어야 할 필요성이 제기된다.

2. 지역공동체 보전을 위한 안전개선대책

읍·면, 마을 밀집지역 통과구간은 마을 존재에 대한 외부 운전자의 사전인지 부족과 고속주행으로 인하여 사고 위험성이 높은 구간으로써 '빌리지 존'은 지역공동체를 보전하는 관점에서 마을 주변의 노약자, 교통약자 교통사고를 방지하기 위해 마을 진출·입 전후의 일정 구간을 마을 보행자 보호구역으로 지정하여 속도저감 시설 및 안내시설 등을 적용하여 시행하는 교통정온화사업이다.

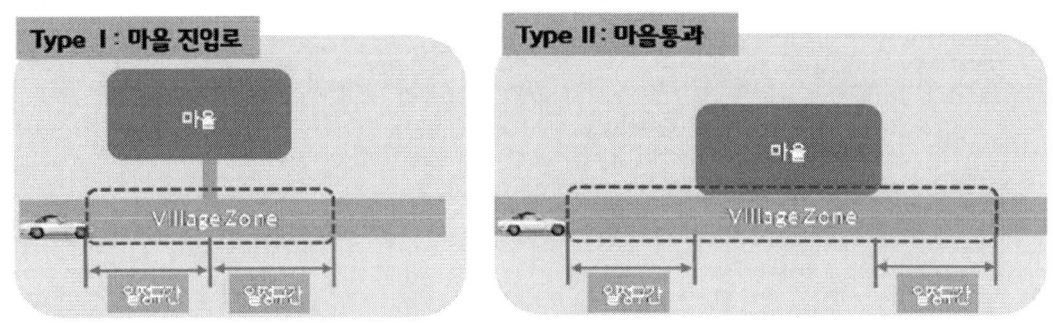

출처: 국토교통부 보도자료(2015.10.30.)

[그림 7.2] 빌리지 존(마을주민 보호구간) 개념도

'빌리지 존' 사업은 도로에서 마을 통과구간의 마을이 시작되는 지점 전방 100m부터 끝나는 지점 후방 100m까지를 보호구간으로 지정하여 해당 구간 내 최고 제한속도를 약 10~20km 하향 조정하고, 도로 주변 마을주민을 교통사고 위험으로부터 보호하기 위해 도로의 진행방향을 따라 일정한 보호구간을 설정하고 미끄럼방지포장, 지그재그 차선, 도로표지병, 과속단속카메라 설치 등 교통안전 환경을 개선하는 사업으로 안전시설을 보완하는 등 사고 예방을 위한 종합적 안전개선대책을 시행하는 사업이다.

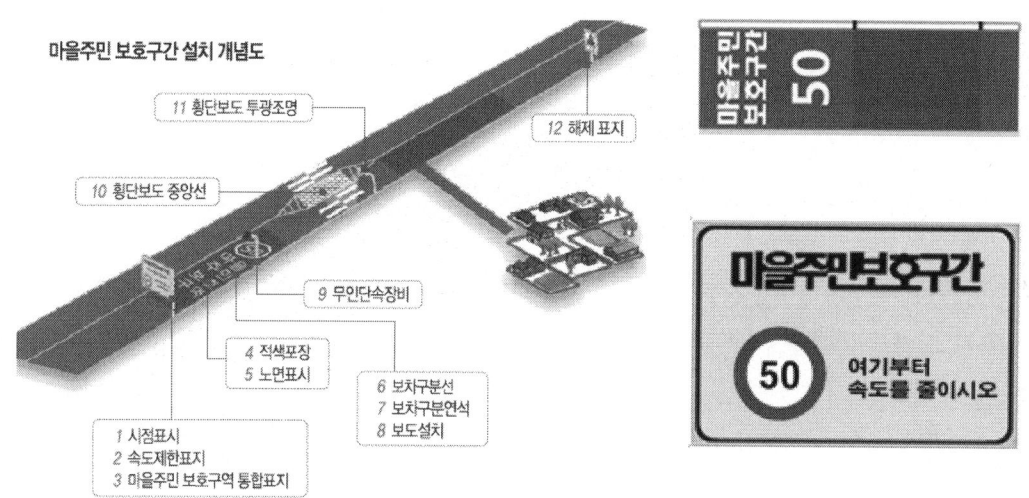

[그림 7.3] 마을주민 보호구간 설치 개념도

3. '빌리지 존' 시설의 설치

'빌리지 존'에는 안내표지판(가로형 통합표지, 세로형 통합표지), 노면표지, 횡단보도 중앙섬, 속도제한 표지, 무인단속카메라 등 마을주민 보호를 위한 교통안전 시설을 등급별 구분하여 설치하며, 보호구역 등급은 교통량, 마을 인구, 도로 통과유형, 사고 건수 및 사망자 수 등을 고려해 사업 대상지역을 3등급으로 구분하고, 등급에 따라 표준 안전시설을 설치하되 현장여건 및 예산 등을 고려하여 탄력적으로 운영한다.

빌리지 존 설치로 마을에 대한 사전인지와 속도제한을 통해 공주거리 및 제동거리를 줄일 수 있어 사고감소 효과가 예상되며, 인지 개선과 속도제한으로 주행속도가 10~20km/h 정도 감소한 것과 같은 효과가 나타난다.

[표 7.1] 빌리지 존 설치 시 정지거리

구분	주행속도 (km/h)	인지반응 시간(초)	공주거리 (m)	제동거리 (m)	정지거리 (m)	감소율 (%)
현재	70	2.5	48.6	60.3	108.9	
인지시설만	70	1.0	19.4	60.3	79.7	26.8
인지시설 및 속도제한	60	1.0	16.7	44.3	61	44.0

주) 국토교통부 내부자료

또한, '빌리지 존' 설치사업은 도로의 일정 구간을 마을주민 보호구간으로 지정한 이후, 절차에 따라 보호구간 개선사업을 실시한다.

사업 필요 대상구간 선정	▶ 교통사고 자료 분석, 도로관리기관의 건의, 해당구간 주민의 민원 등을 종합적으로 검토하여 개선이 필요하다고 판단되는 사업 대상구간을 선정한다.
대상구간 현황조사 및 문제점 분석	▶ 사업대상 구간에 대한 현장조사와 문제점 분석을 시행한다.
기본설계안 작성	▶ 현장조사 및 문제점 분석을 통해 기존 안전시설물의 정비, 보완이 필요한 부분과 새로 도입해야 할 시설물 개선안의 기본설계안을 작성한다.
관련 기관 협의 및 주민설명회	▶ 기본설계안을 가지고 지방경찰청 또는 경찰서, 국토교통부, 지방자치단체 등 관련 기관과 협의를 진행하고, 필요한 경우 주민설명회를 개최한다.
교통안전시설 심의위원회 상정	▶ 관련 기관과 협의를 거쳐 지방경찰청 또는 경찰서에 설치된 교통안전시설 심의위원회에 개선안을 상정한다.
실시설계	▶ 관련 기관 및 교통안전 시설심의위원회 심의의견을 반영하여 실시설계도면, 물량 및 공사비를 산출하여 실시설계를 완료한다.
개선공사 시공	▶ 실시설계에 따라 해당 도로관리청이 개선공사를 실시한다.
효과평가	▶ 개선공사 실시 후 보호구간 내의 교통사고 발생현황 등을 전후 비교 분석하여 개선사업의 추진효과를 평가하고 모니터링을 실시한다.

[그림 7.4] 보호구간 개선사업 추진절차

[표 7.2] 보호구간 시설물 설치 시 고려사항

구분	내용

차량감속
유도시설
	▸ 적색 미끄럼방지포장
	▸ 무인 속도단속카메라
	▸ 교통안전표지
	  -보호구간 시·종점표지, 속도제한표지
	▸ 노면표시
	  -'보호구간', '천천히' 등
	  -지그재그선, 속도제한 ㊿표시

보·차 분리시설	▸ 보행공간 확보(보도 설치) ▸ 보행자용 방호울타리 ▸ 무단횡단 방지용 펜스 ▸ 보도의 평탄성 유지 ▸ 보행의 연속성이 확보될 수 있는 횡단보도
횡단편의 시설	▸ 횡단보도 설치 ▸ 횡단보도 중앙섬 ▸ 횡단보도 앞 미끄럼방지포장, 지그재그선 ▸ 횡단보도 집중조명(야간사고 방지)

4. '빌리지 존' 설치방법의 개선방안

제주특별자치도의 사례를 통하여 분석하면, 제주도 주민의 생활권에 가장 인접하여 해안지형을 따라 제주도를 일주하는 순환도로인 지방도 1132호선은 해안선을 따라 일부 구간에서 해안으로의 조망권이 양호하여 자동차와 자전거 등을 이용하는 관광객들이 많이 찾는 제주도의 주요 도로이다.

4차로 구간에서 제한속도 70km/h이며, 주거지역을 통과하는 지방도 구간에 어린이보호구역(30km/h)과 노인보호구역(50km/h)이 산재하여 있으나 노면표시 위주이며 보호구역 표지판 설치도 미비하고 교통정온화기법도 체계적으로 적용하지 않은 상태이므로 지방지역에서는 운전자와 지역주민 모두에게 부담스러운 구역으로써 체계적인 설치와 운영이 필요한 구역이다.

이러한 현황은 일반적으로 도시지역에서 보호구역이 간선도로, 보조간선도로가 아닌 국지도로, 생활도로 구간에 설치되어 차량의 속도저감이 상대적으로 수월하지만, 제주도의 일주도로인 지방도 1132호선 본선 구간에 빌리지 존이 지정된 상태에서는 속도저감 효과를 기대하기가 어려운 실정이며, 본선

구간에 설치된 보호구역에서 체계적인 교통정온화기법의 적용이 이뤄지지 않으면 지역공동체 보전 차원에서 도로안전과 교통안전을 기대하기 어렵다.

실제로 주거지역을 통과하는 노인보호구역에는 미끄럼방지 포장과 노면표시만 되어 있거나 속도제한 표지(50km/h)와 안내표지판 등이 제대로 설치되어 있지 않으며, 어린이보호구역에서도 미끄럼방지 포장이나 표지판 등이 적정하게 반영되지 않는 등 비슷한 상태를 나타내고 있으므로 체계적인 사업과 운영이 요망된다.

4.1 '빌리지 존'의 개선방안

이러한 문제점을 개선하고 지역공동체를 보전하기 위해서는 다음과 같은 개선방안이 교통안전진단(RSA, Road Safety Audit) 등을 통해 교통환경 개선에 체계적으로 반영되어야 할 것이다.

- 교통정온화기법을 체계적으로 연계하여 적용
- 마을주민 보호구간의 지침을 준수한 '빌리지 존' 설치
- 안내표지판 미설치 구간 안내판 설치 및 기존 안내판 위치 조정
- 차로폭 축소(3.0~3.25m), 지그재그 차선, 도로표지병, 고원식 횡단보도, 고원식 교차로 등 반영
- 보호구역 구간에 미끄럼방지 유색포장을 설치
- 필요하면 고원식 과속방지턱(hump), 고원식 교차로 등 설치
- 필요하면 보호구역 전 구간에 미끄럼방지 포장을 전면적으로 설치
- 50/30 계획과 연계하여 안전성 제고
- 70km/h → 50km/h → 30km/h 구간의 단계적 속도변화를 유도하는 완화구간에 평면적, 수직적 기법을 조합하여 적용하는 방안

4.2 도로환경의 개선방안

교통공학 관점과 함께 교통환경과 교통심리학 관점을 고려하여 Hard ware(시설물)보다 Software(교통환경) 관점에서 해결방안을 수립하고 반영하며, 과다한 안전시설물을 심리적 부담감을 완화하는 적정수준으로 압축 조정하고 '위험한 길이 더 안전하다, when dangerous road are safer'는 컨셉을 적용한 교통심리학 관점의 전반적인 접근과 이러한 관점을 반영한 도로안전계

획, 도로환경 개선계획이 수립되어야 한다.

또한, 교통섬(마킹, 블록) 주변으로 시선유도봉이 과다하게 설치되어 이용자에게 심리적, 시각적 부담감을 주므로 과다한 시선유도봉을 제거하고 녹지교통섬으로 대체하여 그린네트워크를 조성하고 정온화된 도로환경을 조성하는 것도 반영되어야 한다.

가드레일 중분대를 철거하고 구간에 따라 차로 폭 조정(3.0~3.25m)으로 협폭의 녹지중앙분리대를 조성하여 그린네트워크를 확보하고, 녹지환경시설대, 녹지분리대, 압축된 횡단면구조, 노면표시, 교통정온화시설 등 일반구간과 차별화된 도로교통 환경을 조성하여 차량 운전자에게 변화된 도로환경을 지각시켜 주의를 환기해야 할 필요성이 있다.

도로환경을 통해 전반적인 도로교통 여건 변화를 추구하는 관점에서 보면, 주행자 인식 SER(Self Explaining Road) 기법 등을 적용하여 자연스럽게 속도 저감을 유도함으로써 보행자의 안전을 확보해야 한다.

SER이란 도로를 보는 것만으로도 어떤 방식으로 운전해야 하는지 곧바로 전달되는 도로를 말하는 것으로 도로안전시설에 전적으로 의존하는 것이 아니라 도로의 선형이나 주변 환경으로 도로 자체가 위험성을 운전자에게 전달해주는 도로이므로 도로의 물리적 배열구성이나 변화된 도로환경은 운전자에게 시각적인 정보를 주거나 안내판과 같은 역할을 하기도 한다.

[그림 7.5] 지방도 1132호선, 제주도 일주도로 현황

[그림 7.6] 미끄럼방지 포장 미설치, 속도제한 미설치, 표지판 시인성이 불량한 노인보호구역

[그림 7.7] 표지판 시인성 저하, 미끄럼방지 포장 미설치, 표지판이 없는 어린이보호구역

[그림 7.8] 지그재그 차선과 고원식 횡단보도의 적용사례

8
CHAPTER

인간 중심의 도로

오늘날 도시환경과 쾌적한 삶에 대한 추구가 사회적 이슈로 등장함에 따라 기존의 가로환경을 새롭게 변화시키려는 노력이 전 세계적으로 모색되고 있다. 쾌적한 도시환경과 누구라도 이용할 수 있는 도로환경, 녹지공간 활용 등을 통한 적절한 계획이 필요하지만, 우리나라의 도시지역 가로는 다양한 관점의 요소들을 반영하지 못해 도시의 본래 기능이 많이 위축된 모습을 보인다.

또한 고령자, 노약자, 장애인과 신체 건강한 사람 등 보행자 위주의 기능보다 자동차 중심의 가로망이 발달하여 인위적인 포장도로 위에서 인간적이지 못하고 항상 자동차의 위협에 노출되어 도시지역의 도로는 쾌적하지 않은 가로환경에 놓여 있다.

현재 도로 설계의 전반적인 기준인 「도로의 구조·시설기준에 관한 규칙」은 자동차의 원활하고 안전한 소통을 기본적인 목표로 하고 있어, 도로를 함께 공유하면서 살아가는 보행자와 다른 사용자들에 대한 근본적인 배려는 하지 못하는 실정이다. 원칙적으로 도로는 직선을 유지하면서 넓게 또한 입체적인 면만 강조되어 왔기 때문에 보행은 자동차의 소통을 방해하는 활동이라는 인식이 팽배해져 있었다.

그러한 관점에서 도로를 단순히 차량의 소통만을 위한 공간으로 인식했던 종래의 개념에서 벗어나, 보행자와 공유할 수 있는 공간이며 다양한 계층의 편익을 골고루 갖춘 안심하고 쾌적한 공간으로 변화할 수 있도록 하는 것이 앞으로 큰 과제이다.

1. 도로의 배리어 프리

1.1 Barrier Free의 의미

Barrier Free란 장벽, 장애 등을 의미하는 Barrier와 자유로운, 해방된 등의 의미인 Free를 조합한 단어로써 장애물이 없는 상태를 말한다. 1960년대 후반 미국에서 신체장애인을 건축물과 도로 등에 걸쳐서 물리적인 장벽을 제거하려는 의미로써 넓게 사용되었고, 현재에는 사회생활, 제도, 정보, 어떠한 사람, 한 사람 마음에 가지고 있는 것까지 여러 가지 형태로 존재하는 장벽의 제거를 의미하며 나아가 넓은 의미로 사용되고 있다. 미국의 경우 1961년에 신체장애인이 접근하기 쉽고, 사용하기 쉬운 건축시설 설비에 관련하여

「미국 기준 시방서」, 1968년에는 「건축 장벽 제거법」이 제정되었다.

여기에는 주 정부 보조금을 지원받아 조성·운영되는 건축물에 대하여 전부 '신체가 불편한 사람이 이용 가능한 설계 즉, 장벽이 없는 설계를 해야 한다' 라고 명시되어 있다. 일본에서는 1994년에 병원과 극장, 백화점, 호텔 등 불특정 다수의 사람이 이용하는 건물에 대하여 「고령자, 신체장애인이 원활하게 이용 가능한 특정 건축물의 건축 촉진에 관련한 법률」이 제정되었다. 또한, 1995년 제정된 「장애인 플랜 표준화 7개년 전략」 중에서는 공공 건축물과 도로, 주택에 걸쳐 있는 단차 해소와 휠체어가 통행 가능한 폭원의 확보, 난간과 시각장애자 유도용 블록의 정비 등 Barrier Free Design의 촉진을 강조하고 있다.

우리나라에서는 2005년에 「교통약자의 이동편의 증진법」이 제정되어 교통약자인 장애인, 고령자, 임산부, 영유아를 동반한 자, 어린이 등이 생활을 영위하는 데 불편을 느끼지 않도록 교통수단과 교통시설, 제도에 대한 교통정책을 추진하고 있다. 여기에서는 교통약자뿐만 아니라 모든 통행인이 편리하게 이용하는 것을 기본방향으로 설정하여 계획을 추진하고 있다.

[표 8.1] 고령사회에 대응하는 교통정책

교통정책	분야	추진계획	
교통수단	보행	중·단기	저상버스 도입, 보행 연결성 강화
	버스	장기	맞춤형의 다양한 서비스 개발
교통시설	대중교통시설 보행시설 개인교통시설	중·단기	유니버설 디자인의 적용
		장기	첨단교통시설 구축(ITS / IT)
법·제도	경제적 지원제도	중·단기	제도의 다양화, 절차의 간소화
	면허제도	장기	이동지원 재원조달 방안 개발 의료·보험시스템과 연계제도 개발

1.2 Barrier(장벽, 장애)의 종류

고령자와 신체장애인 등이 사회생활을 영위하면서 겪게 되는 장벽과 장애물을 제거하는 것이 Barrier Free이고 Barrier(장벽, 장애)에는 다음과 같은 네 가지 요소가 있다.

• 물리적 Barrier • 정보의 Barrier • 제도적 Barrier • 심리적 Barrier

(1) 물리적 Barrier

행동을 저해하는 형태가 있는 장애로 도로에 관련해서는 보도의 단차와 경사, 육교의 계단, 도로의 원활한 차량 소통을 저해하는 불법 주·정차 등이 있다.

[그림 8.1] 보도의 단차와 경사   [그림 8.2] 보도 육교의 계단

(2) 정보의 Barrier

정보가 전달되지 아니하여 행동에 지장을 초래하는 것을 말하며 눈이 부자유스러운 사람에 대하여 음성 또는 유도음이 없는 신호기와 도중에 끊어져 버린 시각장애인용 유도블록, 휠체어를 사용하는 사람에 대해서 노면의 단차와 높이 설치되어 있는 안내판 또는 게시판, 한국어를 모르는 외국인에 대해서 한국어만 있는 안내판 등이 정보의 Barrier이다.

[그림 8.3] 시각장애인용 음향 신호기

[그림 8.4] 횡단보도 앞의 단절된 장애인용 유도블록

[그림 8.5] 노면의 높은 단차

[그림 8.6] 한국어 안내판

(3) 제도적 Barrier

고령자와 장애인 등에 관한 법률과 규제의 장애이다. 도로에 관련하여 도로와 상점의 입구 경계에 있는 경계석의 단차 등이 있다. 이것을 해소하려면 상점 쪽으로 경사를 두고 노상에 물건을 적재시키지 않으면 된다. 현행 「도로의 구조·시설 기준에 관한 규칙」에서는 자동차를 원활하게 주행시키기 위해서 보·차도의 분리를 기본으로 규정하고 있으나 제도적인 장치를 마련하여 우선으로 보행자 위주인 보다 나은 방향으로 발전시켜야 한다. 보행자를 우선으로 하지 않은 생활환경에서는 자동차를 우선으로 하는 도로를 건설하게 되므로 쉽게 진입한 자동차로 인하여 고령자와 장애인을 포함한 보행자가 위험한 상황에 노출되는 것이다. 최근 어린이들이 회전문에 머리가 끼여서 다치고, 에스컬레이터 등에서 안전사고를 당하는 사례가 빈번하지만, 명확히 설비에 대한 안전기준이 제도상으로 마련되지 않았다면 이것 또한 제도의 Barrier라고 할 수 있다.

[그림 8.7] 상점 입구의 도로경계석　　[그림 8.8] 에스컬레이터

(4) 심리적 Barrier

고령자와 신체가 부자유스러운 사람을 차별하는 마음, 배려하지 않는 마음, 게다가 자신밖에 모르는 심리상태를 말한다. 예를 들면 노상에서 곤란한 상황에 부닥쳐 있는 고령자와 장애인에게 도움을 주지 않고 외면하는 것과 당장 눈앞에 고령자와 신체가 부자유스러운 사람이 없다면 좁은 보도 위에나 시각장애인용 유도블록 위에다 평상시 물건이나 자전거를 세워 놓은 경우는 눈이 부자유스러운 사람이나 휠체어 사용자의 이동을 방해하는 경우이다. 이러한 심리적 장애를 제거하는 것에는 「무엇인가 핸디캡을 가진 사람을 지역사회의 일원으로 해서 동등하게 생각하는 것」이라는 표준화에 관한 생각을 현실적으로 표현하는 것이다.

[그림 8.9] 폭이 지나치게 좁은 보도　　[그림 8.10] 점자블록 위 불법주차

1.3 교통의 Barrier Free

교통의 Barrier Free 계획에서는 Hardware와 Software 양면의 관점에서 대처하는 것이 중요하며 1차원적으로는 시설의 물리적인 형상에 끌리기 쉽지만, 마음과 구조를 더한 3가지 요소를 동시에 고려하여 대처하는 것이 중요하다.

(1) 버스의 Barrier Free

버스를 이용하는 장애인·고령자 등에 대응한 Barrie Free 대책은 크게 4개 분야로 구분할 수 있다. 첫 번째는 차량구조의 Barrier Free, 두 번째는 버스정류장의 Barrier Free로 버스정류장이나 그 주변, 버스터미널 구조 등이다. 세 번째는 제도적 Barrier Free로 장애인 할인이나 고령자 전용 Pass 등이다. 네 번째는 심리적 Barrier Free로 운전기사의 친절이나 승객의 친절 등을 말한다.

[표 8.2] 버스의 Barrier Free 대책

구 분	대 책
차량구조	승강장(스텝, 마루높이, 단수, 넓이, 난간, 기타), 요금투입구, 하차벨, 좌석, 우대석, 입석용 포스트, 손잡이, 휠체어용 공간, 바닥, 공조, 목적지 안내표지, 방송(차내, 차외), 리프트, 경사로, 휠체어 고정장치, 화장실 등
승강장	버스정류장 형태 및 그 주변, 버스터미널, 안내정보 등
법·제도	장애인 할인, 고령자 전용 pass, 기타 할인제도, 대중교통으로의 환승제도 등
태도	운전기사의 서비스, 안내소 직원의 친절 등

(2) 택시의 Barrier Free

택시를 이용하는 장애인·고령자 등의 Barrier Free 대책은 4가지의 측면이 있다. 첫 번째는 가장 영향이 큰 차량구조에 관한 것으로, 차량구조 자체가 Barrier Free 한 설계인지 보는 것이며, 차내 설비에 Barrier Free가 배려가 되어 있는지도 중요한 관점이다.

그 외에 정류장의 Barrier Free, 제도적·심리적 측면의 Barrier Free가 있다. 특히 택시의 Barrier Free에 있어서는 택시 승객과 직접 대면하게 되는 운전기사의 서비스 태도가 심리적으로 큰 영향을 주게 되므로 장애인·고령자를 배려하는 사회적 공감대의 확산과 인식 전환이 중요하다.

[표 8.3] 택시의 Barrier Free 대책

구 분		대책
차량구조	세 단 형	승강구(폭, 높이), 승강 보조용 Roof·Hatch, 요금미터(위치, 형상, 요금확인), 회전식 좌석
	밴 형	Kneeling system, 경사로, 휠체어용 리프트, 휠체어 고정장치
	유니버설	넓은 문, 높은 천장·문, 평탄한 바닥, FF차
승강장		택시 승강장의 Barrier Free, 안내정보 등
법·제도		신체장애인 할인, 지적장애자 할인, 택시 쿠폰 할인 등
태도		운전기사의 서비스·친절, 택시 승강장 주변 사람의 친절 등

1.4 Barrier Free Design

「고령자와 신체가 부자유스러운 사람에 대하여 Barrier(장애, 장벽)를 하나하나 점검하여 고쳐나간다」라는 의미인 Barrier Free의 개념을 한층 더욱 발전시킨 것이 유니버설 디자인의 개념으로 이것은 지금까지 요소요소에 산재해 있는 장애물을 제거하는 것이 아니라 처음부터 계획 당시 장애물이 없고, 누구라도 사용이 쉽고 사용하는 방법의 실수가 적은 디자인을 목표로 하고 있다. 신체가 부자유스러운 사람들을 위하여 도로 위의 장애물을 제거하는 것이 아니라 신체가 부자유스러운 사람들과 건강한 사람들이 모두 사용하기 쉽고 갖가지 존재해 있는 장애물을 없게 하는 것을 최초부터 고안하고 설계하고 정비하는 것을 생각하는 것이다.

사람과 차량이 공존하여 있는 도로에서는 보행자에게 Barrier Free인 경우는 자동차에 장애가 될 수도 있고 반대로 자동차에 Barrier Free인 경우는 보행자에게 장애가 될 수 있다. 자동차를 운전하는 것도 인간이라고 생각한다면 도로에 따라서 유니버설 디자인 적용이 어려울 것 같은 생각이 들지만, 서로가 조금씩 양보한다면 유니버설 디자인의 적용이 가능할 것이며 기본적으로 유니버설 디자인을 목표로 해서 쾌적한 도로 만들기도 가능할 것이다.

고령자와 신체가 부자유스러운 사람에 대해서 장애가 없는 도로를 만들기 위해서는 우선 자동차로부터 보행자의 안전을 확보하고 안심하고 보행할 수 있는 도로를 만들어 줘야 한다.

이제까지 도로 만들기는 보행자의 불편을 증가시키더라도 자동차의 불편을 가능한 한 적게 하고 자동차를 무리가 없게 주행하도록 하는 것에 몰두하였다. 이것으로는 보행자가 안심하고 보행이 가능한 도로 만들기가 불가능하므로 이제부터는 고령자와 신체가 부자유스러운 사람들도 포함하여 보행자가 자유롭게 거리로 나와 활동할 수 있는 장애가 없는 도로를 만들지 않으면 안 된다. 그러기 위해서는 주택지와 상점가 등 생활에 밀접한 지역에 보행자 우선도로를 조성하고 도로공간 전체를 대상으로 누구라도 불편을 느끼지 않고 이용할 수 있는 공간으로 정비할 필요가 있다.

생활도로 일부분을 보행자 우선으로 계획하여 자동차를 배제하더라도 이면도로에 자동차가 진입하면 개선된 효과가 나타나지 않는 경우도 많이 있다. 이러한 현상이 보행자 우선의 도로 만들기에서 나타나면 보행자가 자동차에 위협받는 위험한 도로로 변화될 수밖에 없으므로 생활지구 전체를 사람 우선의 공간으로 계획할 필요가 있으며, 현재 사람이 생활하고 있는 커뮤니티 존을 목표로 해서 보행자에 대한 장애를 없애는 것이 제안되고 있다.

이와 같은 커뮤니티 존에서는 차량에 대한 장애는 증가하고 자동차 운전자에게는 조금이라도 인내를 요구하게 한다. 커뮤니티 존의 바깥쪽에서는 사람과 물건을 운반하기 위하여 차량이 간선도로를 다니고 있으며, 간선도로는 차량이 빈번하게 통행하기 때문에 보행자는 차도로부터 분리된 보도로 다니고 횡단보도를 주의하여 건너야 하고 그리하여 보행자는 조금 불편을 느끼게 되지만 감수해야 하는 그러한 과정을 통하여 모든 보도와 횡단시설을 안심하고 이동 가능한 Barrier Free는 계속 진행된다. 도로에서 발생하는 장애는 다음의 세 가지로 집약된다.

첫째, 이동할 때 발생하는 장애
- 노면의 단차, 도로의 횡단, 장거리 보행 시 발생하는 장애

둘째, 정보 수집 시 발생하는 장애
- 이동 경로와 위치의 확인, 안내 정보의 인지 등에서 발생하는 장애

셋째, 시설·설비의 사용 시 발생하는 장애
- 화장실, 공중전화 등의 설치와 사용 시 발생하는 장애

장애의 크기는 도로를 이용할 때의 상황과 이용자의 불편함 또는 종류 등에 따라서 다르며 이용자에 따른 장애의 종류는 다음과 같다.

[표 8.4] 이용자에 따라 제약이 되는 장애 종류

구 분	외출 시	정보 수집 시	시설·설비 이용 시	비 고
고령자	○	○	○	
몸이 불편한 사람	◎	×	○	
눈이 불편한 사람	◎	◎	○	
외국인	×	◎	×	
일반인	○	×	○	임산부, 어린이를 동반한 사람 등

주) ◎ : 제약이 많음, ○ : 다소 제약이 있음, × : 제약이 없음

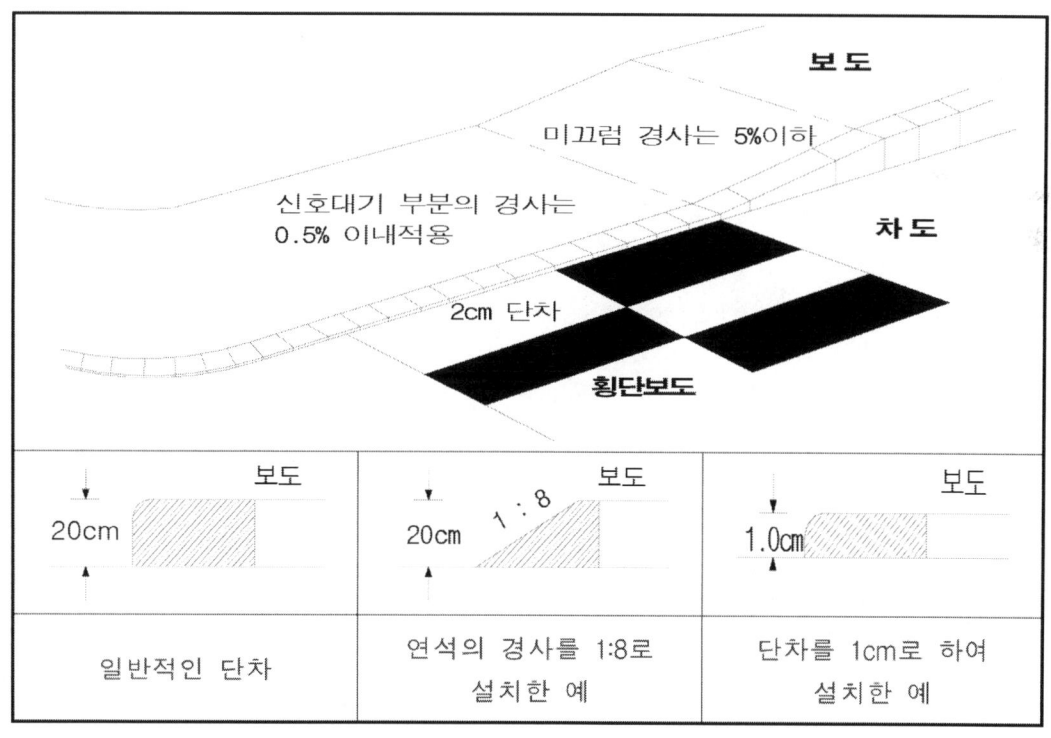

[그림 8.11] 횡단보도부에 적용된 경사 및 단차의 종류

도로의 장애 대책을 생각할 때 우선 자신이 거주하고 있는 지역의 가로와 통근·통학하는 거리가 어느 정도의 Barrier Free가 되어 있는지를 실제로 조사하여 보면 여러 가지 장애가 있음을 알 수 있다. Barrier Free를 조사하기 이전에 해당 지역의 정보를 파악하고 자신이 판단할 수 있는 체크 항목을 결정하여야 한다. 체크 항목의 예는 다음의 6가지 항목을 들 수 있다.

① 도로의 차도와 보도가 연석과 난간으로 분명하게 구별되어 있는지?
② 보도에 시각 장애인용 유도블록이 설치되어 있는지?
③ 휠체어 사용자의 장애가 되는 단차가 있는지?
④ 보도에 전신주, 간판, 방치된 자전거 등이 장애가 되는지?
⑤ 휠체어 사용자가 사용할 수 있는 공중화장실과 공중전화가 있는지?
⑥ 횡단보도에 신호가 있는지?

그리고 위의 항목 이외의 체크 항목도 고려하여 대상항목을 결정한 다음, 실제로 거리를 보행하여 조사하고 그 결과를 지역의 지도에 표기한다. 이러한 작업을 통하여 지역의 Barrier Free 지도가 완성되며, 이를 통해 사람들이 보행하는 거리에 방치된 자전거의 수, 통과하는 차량이 속도를 내기 쉬운 도로구간, 공중시설이 없는 상태, 보도의 단차 등을 파악하고 이러한 결과를 토대로 하여 도로의 장애를 해소하는 대책을 수립할 수 있다.

[표 8.5] 구조물 종류에 따른 보도의 형식

구조물 종류	보도의 형식		보도와 차도의 관계	보도면과 연석의 관계
연석	Mount Up		보도면 높음	동일한 높이
	Semi Flat		보도면 높음	보도면 낮음
	Flat		동일한 높이	보도면 낮음

[그림 8.12] 육교에 엘리베이터를 설치하여 물리적 Barrier 해소

[그림 8.13] 육교에 경사로를 설치하여 물리적 Barrier 해소

[그림 8.14] 가로 주변 안내판을 설치하여 목적지를 쉽게 찾을 수 있도록 배려

[그림 8.15] 횡단보도 단부에서 끊긴 시각장애인의 동선을 차도 내로 연결

[그림 8.16] 횡단보도 경계석 개선 전

[그림 8.17] 횡단보도 경계석 개선 후

[그림 8.18] 보차도 경계석 단차 해소와 차도 내 점자블록

[그림 8.19] 배리어 프리의 개념이 연속된 공공공간, 일본 큐슈 사세보

2. 유니버설 디자인
2.1 유니버설 디자인의 배경

Barrier Free Design이 현재 존재하고 있는 여러 가지 Barrier를 제거하는 것을 의미하는 것에 더하여 최근 들어서 Universal Design이 널리 전파되고 있다. 유니버설 디자인은 1990년, 미국에서 제정된 「장애를 가진 미국인법」(Americans with Disabilities Act)에 포함되어 널리 알려지게 된 것으로 모든 사람이 인생의 어떤 시점에서 어떻게 생길지 모르는 장애를 가지고 있다는 생각을 기초로 해서 나이와 성별, 능력과 체격, 국적과 인종, 장애의 유무를 떠나서 누구라도 기분 좋고 편리하게 이용하는 도시와 생활환경을 실현하는 설계와 디자인 또는 그 생각방법과 프로세스를 포괄한다. 즉, "가능한 많은 사람이 이용 가능한 제품, 건물, 공간을 디자인한다"라는 개념이 Universal Design(UD)이다.

유니버설 디자인은 비단 장애인이나 노약자와 같이 신체적으로 부족함을 가지고 있는 사람만을 위한 것이 아니라 일반인도 장애를 겪을 수밖에 없는 특정한 상황이나 환경을 모두 고려한 디자인으로 사람들이 일상생활을 영위하면서 겪게 되는 여러 가지 상황과 환경에서의 불편함을 최소화하고, 더욱 안전하고 친인간적인 환경조성을 위해 각각의 구성요소들을 디자인하는 것이 진정한 의미의 유니버설 디자인이다. 그러므로 특정한 목적을 위해 사용하는 작은 도구에서부터 우리가 살아가고 있는 주변의 거대한 공간을 포함해서 유니버설 디자인은 진정한 의미의 인간존중과 인간평등을 실현해 나아가는 하나의 방안이라 할 수 있다.

예를 들어, 도시공간 가운데에서는 누구라도 걷기 쉽게 전선을 지하에 매설한 도로, 휠체어라도 진행하는 것이 가능한 경사가 완만한 진입로, 여러 가지 단어로 표기된 안내판 등이 있고, 건물에서는 자동문과 다목적 화장실 등이 유니버설 디자인에 따른 설비이다. 이처럼 Barrier Free Design과 Universal Design의 개념에 차이가 있다고 하여 Universal Design에 따라서 Barrier Free가 부정된 것은 아니다. 예를 들어 요철이 있는 시각장애인용 유도블록은 Barrier Free 디자인의 대표적인 예이고, 이것에 따라서 휠체어가 무리 없이 어느 정도 나아가는 것 자체가 유니버설 디자인을 반영한 거리 만들기에 있어서 전체적인 거리의 디자인 중에서 누구라도 이동 가능한 도로를 구성하는 시설을 확보한다는 의미에서 유니버설 디자인의 일부라고 말할 수 있다.

이러한 유니버설 디자인은 1960년대 후반 두 가지 커다란 사회적 요인으로 인하여 탄생하게 되었다. 첫 번째로는 베트남 전쟁으로 인해 미국은 역사상 유례없는 규모의 사상자가 발생하였으며, 엄청난 수의 부상자들을 사회에 복귀시키는 데 필요로 했던 것이 미국형 유니버설 디자인의 태동이었다. 두 번째는 그 당시부터 북유럽은 고령화 사회로 치닫고 있었으므로 일손이 부족하고 기후가 험한 북유럽에서는 고령자들이 다른 사람의 손을 빌리지 않고 스스로 일상생활을 문제없이 영위하는 데 필요로 했던 것이 북유럽형 유니버설 디자인의 시작이었다. 이 두 가지의 이유를 바탕으로 해서 미국의 로날드 메이스는 다음과 같은 7가지 원칙을 제시하였다.

① 누구라도 불편함 없이 공평하게 사용할 수 있을 것
② 다양한 상황에서 자유롭게 사용할 수 있을 것
③ 단순하고 직관적으로 이용 가능할 것
④ 필요한 정보가 간단하고 이해 가능할 것
⑤ 단순한 실수가 위험한 결과를 초래하지 않을 것
⑥ 효율적이고 편리하며 신체적 부담이 적을 것
⑦ 접근과 사용을 위한 적절한 크기와 공간이 확보 가능할 것

[그림 8.20] 생활 속에서 요구되는 유니버설 디자인 요소들

2.2 유니버설 디자인의 원칙

유니버설 디자인은 다음과 같은 4가지 기초개념을 가지고 있으며 접근성(Accessibility), 적용성(Adaptability), 미학성(Aesthetics), 허용가능성(Approvable) 등으로 요약하며 이를 4A 원칙이라 한다. 이것은 이용자들이 불편 없이 생활을 영위할 수 있도록 한다는 하나의 커다란 목적을 향하여 나아가는 방법의 하나다.

첫째, 기능적 지원성이 높은 디자인(Supportive Design)

원칙적으로 기능상 필요한 도움을 제공해야 하며, 사용자에게 불필요한 어떠한 부담도 일으켜서는 안 된다. 도로변에 설치된 조명의 경우 밝기가 적절하지 않으면 시각의 정확성이 떨어지며 고령자에게는 불편을 초래하게 된다.

둘째, 수용 가능한 디자인(Adaptable Design)

환경이나 상황에 따라서 조절할 수 있음으로써 다양한 보행자의 요구를 충족시킬 수 있는 융통성을 지녀야 한다.

셋째, 접근 가능한 디자인(Accessible Design)

접근 가능성이란 가로변에 장애물이 제거된 상태이고 예를 들면 휠체어를 사용하는 사람과 자전거를 타는 사람, 몸이 불편한 사람 등이 편리하게 다닐 수 있도록 보도블록의 색채와 패턴 등을 적절하게 배치하고 질감 있는 재료를 사용해서 시각 장애로 인한 사고를 줄이는 것을 의미한다.

넷째, 안전 지향적인 디자인(Safety Oriented Design)

대조적인 색채와 패턴으로 레벨 차를 표시하거나 모서리를 둥글게 처리한 것 등 안전한 디자인은 더 개성적으로 돋보인다. 그리고 안전성은 심리적인 건강함, 소속감, 자기 가치 등을 포함하며 또한, 장애인이 정상적인 활동을 유지할 수 있도록 고려된 공간은 개개인에게 자립심을 부여함으로써 심리적인 건강을 유지해 준다.

모든 사용자에게 편리한 환경을 제공한다는 개념의 유니버설 디자인을 교통시설에 적용하여 장애인, 고령자, 심신장애자뿐만 아니라 일반인들까지 모두가 쉽게 사용할 수 있는 교통시설을 확보하기 위해서는 단기적으로 교통약자에 대한 유니버설 디자인을 표준화하고 중기적으로 보행, 버스, 지하철, 승용차 등의 이용환경을 개선하는 방향으로 추진하는 것이 하나의 방안이 될 수 있다.

[표 8.6] 교통시설에 있어서 유니버설 디자인(UD) 적용분야

구 분	분 야	교통시설·개선내용 적용분야
이동편의시설	교통수단	버스, 도시철도차량, 철도차량, 항공기, 선박
	여객시설	여객자동차터미널, 도시철도역사, 철도역사, 환승역사, 공항시설, 항만시설
	도 로	보도, 횡단보도, 입체횡단시설, 보행우선구역
서비스·교육	서비스 개선	버스, 도시철도, 경전철 등 교통수단 이용 교통정보 제공
	교통사업자 교육	제도개선, 인식개선, 환경개선

한편, 앞에서 제시한 메이스의 유니버설 디자인 7가지 원칙에 대하여 도로에 적용된 사례를 살펴보면 다음과 같다.

(1) 누구라도 불편함 없이 공평하게 사용할 수 있을 것

간선도로의 보도가 생활구역의 출입구를 횡단하여 설치될 때 도중에 끊어지지 않고 연속하여 가는 것이 당연하며, 이것에 따라서 보행자와 휠체어 등 모든 보도의 이용자가 단차와 자동차의 위험을 무리가 없이 감지하면서 진행하는 것이 가능하다.

[그림 8.21] 연속하는 보도블록

(2) 다양한 상황에서 자유롭게 사용할 수 있을 것

예를 들어, 보차공존도로가 있으면 자동차와 자전거 및 보행자가 동일한 공간을 공유하는 보차공존도로의 보차공존 관점에 있어서는 차량보다는 보행자와 교통약자, 휠체어가 안심하고 이동하는 것이 가능하게 하여야 한다.

[그림 8.22] 보차공존도로

(3) 단순하고 직관적으로 이용 가능할 것

보차분리의 간선도로에 따라서 보도와 자전거도로와 차로의 경계가 알기 쉽고 상대적으로 침입할 수 없는 구조로 되어 있어야 한다. 이렇게 설치한다면 보도에 올라타서 불법 주차하는 차가 많이 사라지게 되며 보행자의 이동이 지장을 받지 않게 된다.

[그림 8.23] 분리된 보차도의 경계

(4) 필요한 정보가 간단하고 이해 가능할 것

눈이 부자유스러운 사람을 위한 시각장애인용 신호기 등이 있다. 신호기의 버튼을 누르는 동시에 음악이 나오게 되고, 시각장애자는 음악에 따라서 횡단보도 등을 횡단하는 것이 가능한지 아닌지 판단하게 된다. 제한속도로 규제하는 도로의 구간에서는 주행차량의 속도를 인지할 수 있게 하여 감속을 유도하는 효과를 높인다.

[그림 8.24] 시각장애인용 음향 신호기   [그림 8.25] 교통정보 전광판

(5) 단순한 실수가 위험한 결과를 초래하지 않을 것

횡단보도 앞에 평탄한 공간을 확보하는 것이다. 횡단보도 직전에 연하여 보차도 경계의 단차는 휠체어라도 통과할 수 있게 낮게 설치되어 있으나 오히려 이러한 시설로 보도 부분의 짧은 구간에 경사가 급하게 되어 있는 것을 볼 수 있다. 이러한 구간에서는 신호대기를 하는 휠체어가 브레이크를 잡지 못하면 차도 부분으로 튀어 나가서 사고가 나는 위험성이 있다. 횡단보도 앞의 공간은 휠체어가 움직이게 넓고 평탄하게 만드는 것이 필요하고, 이렇

게 해서 브레이크를 잡는 것을 잊더라도 휠체어가 차도로 나가는 것을 미리 방지하게 된다.

특히, 보도폭이 좁은 이면도로에서 횡단보도 전면 짧은 구간에 경사로를 횡방향으로만 설치할 경우 급경사에 따른 사고유발 위험성이 있으므로 횡방향 뿐만 아니라 종방향으로도 일정한 변화구간을 두어 양방향으로 경사구간을 조성하여야 장애인, 노약자와 일반 보행자들이 안심하고 통행할 수 있는 환경이 확보된다.

[그림 8.26] 횡단보도 앞 평탄부

(6) 효율적이고 편리하며 신체적 부담이 적을 것

보도가 없는 도로에는 횡단경사를 완만하게 주는 것이 좋다. 휠체어는 진행방향에 따라서 횡단경사가 크거나 깊은 곳에서는 멈추기 때문에 곧바로 나아가기 위해서 많은 힘이 필요하다. 하지만 횡단경사가 완만하면 적은 힘이라도 곧바로 나아가는 것이 가능하다. 보도 등의 횡단경사는 배수를 위하여 필요하지만, 경사는 2~4%보다 완만하게 주는 것이 바람직하다.

[그림 8.27] 폭이 좁고 이용하기 힘든 보도와 보행자에게 위험한 볼라드

(7) 접근과 사용을 위한 적절한 크기와 공간이 확보 가능할 것

버스 정차대는 정류소에 어떠한 것을 알려주는 간판이나 벤치, 그 이외에 여러 가지 정보를 제공하는 시설과 버스를 기다리는 사람을 위한 공간이 필요하지만, 종래의 버스 베이(bus-bay)형 정류소에서는 버스가 정류소의 정차대에 근접해서 멈추는 것이 어려우며 인접한 보도도 협소하다.

테라스형 버스 정차대는 차도 측에 버스 정차대를 길게 늘어뜨려 놓은 것 같은 형식의 버스 정차대로서 보행자가 지루하지 않게 버스를 기다리는 것을 가능하게 하고 아울러 버스도 정차대에 접근하여 쉽게 정차할 수 있게 하는 것이 가능하다.

[그림 8.28] 테라스형 버스 정차대

2.3 가로환경과 유니버설 디자인

이동환경에서 유니버설 디자인의 도입은 친인간적인 환경조성과 함께 근본적으로 인간 평등의 실현을 목적으로 하고 있다. 이동권과 접근권은 모든 국민이라면 누구나 갖는 평등한 권리이므로 장애를 갖지 않은 일반인과 이동에 불편함을 겪는 장애인·노약자·어린이·임산부 등 교통약자로 분류되는 사람들 모두의 이동권과 접근권을 보장하기 위해 교통수단과 도로시설에 유니버설 디자인을 도입해야 한다.

생활수준의 향상에 따라 이제 도로는 단순한 길이 아니라 가로환경이 되었으며 문화환경으로 도시환경으로 변화하고 있다. 이러한 변화는 도로가 자동차, 자전거, 인간이 공존하는 공간으로써 종래의 자동차 중심의 사고에서 인간을 중심으로 한 가로환경 조성으로 변화해야 한다는 것을 시사하고 있다. "모든 사람을 위한 디자인, Design for All"을 목표로 하는 유니버설 디자인은 접근성, 적용성, 미학성, 허용 가능성의 4가지 기초개념에 비교해 볼 때 우리나라의 가로환경은 접근 가능성과 안전 지향성에서 크게 뒤떨어지고 있다.

우리의 가로환경은 횡단보도 대신 지하도와 육교, 높은 턱을 설치하였으며, 평탄하지 못하고 경사가 심한 도로로 인해 장애인, 노약자, 신체가 부자유스러운 사람들의 이동과 보행을 가로막고 있으며, 보행공간 내에 들어와 있는 가로등, 가로수, 입간판, 휴지통, 가로판매시설, 불법주차 차량 등은 접근성을 막는 주요한 요소들이다. 또한, 보행공간에 사람과 자전거, 모터사이클 등이 함께 통행하고 있음으로써 보행자 안전이 크게 위협받고 있다.

2000년대 들어와, 서울시를 비롯하여 주요 지방 도시에서는 걷고 싶은 거리 조성사업을 주요 사업으로 시행하여 매연과 소음에 시달리고 차량 통행에 불안해했던 거리의 주인인 인간에게 거리를 돌려주려고 시도하는 것은 매우 바람직한 현상으로 받아들여지고 있다. 하지만 실질적인 내용을 살펴보면 인간을 배려하고 지역의 역사성, 문화, 전통을 살려야 하는 사업이 외형적인 조경과 조형물에 관심을 치중하는 경향이 짙어 정작 거리의 주인인 사람과 역사, 전통, 문화에 대한 배려는 소홀한 면이 지적되고 있다.

유니버설 디자인이 적용된 거리는 다음과 같은 요소가 제거되거나 설치된 거리를 말한다.

첫째, 사람들이 걷기에 걸림돌이 되는 요소와 불편한 요소들이 제거된 거리
둘째, 사람들에게 꼭 필요한 것들이 충분히 설치되어 있는 거리
셋째, 차량이나 지장물로부터 안전하고 편안한 거리

사람에게 편리한 도로 즉, 안심하고 걸을 수 있고 편안하고 좋은 도로를 만들기 위해서는 누구라도 장애를 느끼지 못하면서 걸을 수 있는 유니버설 디자인의 도입이 매우 필요하며, 유니버설 디자인을 고려하는 방법에 관해서는 앞에서 설명되었지만, 어느 정도 장애가 있는 사람도 장애를 느낄 수 없을 정도의 디자인 개념이 반영된 도로를 만드는 것을 의미한다.

불특정 다수의 사람이 걷는 도로에서도 유니버설 디자인의 적용이 실현 가능한 것인가? 라는 질문에 보행자와 함께 자동차 또는 자전거가 도로를 달리는데 제한이 있다면 당연히 YES일 것이다. 도로를 보행자 우선으로 생각하는 방향으로 정비하는 경우는 유니버설 디자인의 실현이 가능하다고 생각

되지만, 자동차 중심으로 만들어진 보차도 분리 도로의 경우에는 보도가 단절되고 교차점이 신체가 부자유스러운 사람이 아니더라도 건강한 사람에게도 결국 장애를 만들어 놓고 있다.

보행자는 자동차가 보행자 더 매우 **빠른** 속도로 달리고 있는 차도를 자유롭게 횡단하여 건너가는 것이 불가능하므로 교차로를 건너기 위해서 서 있는 횡단보도에서는 교통신호와 보차도 경계의 단차가 또 다른 장애가 되기도 한다. 입체횡단의 경우에는 보도육교와 횡단 지하도에 이동이 편리한 엘리베이터와 에스컬레이터를 적용하더라도 완전하게 장애가 없게 되는 것은 아니다. 또한, 맹인 인도견의 도움을 받으면서 걷고 있는 눈이 부자유스러운 사람과 청각 장애인 안내견의 도움을 받으면서 걷고 있는 귀가 부자유스러운 사람 등도 당연하게 일반 보행자와 동일한 대상으로 고려해야 한다.

(1) 보행자 우선도로의 유니버설 디자인

신체가 부자유스러운 사람과 허약한 고령자를 그다지 생각하지 않고 시행하는 도로 건설로 인하여 신체가 부자유스러운 사람에 따라서는 도로를 걷는 것은 어렵고 집에서 나오지 않는다고 생각한다. 이것을 해결하기 위해서 도로의 장애를 파악하여 제거해야 하지만, 신체의 눈, 다리, 귀 등 여러 가지 부자유스러운 사람에 따라서 각각의 대상이 되는 장애가 틀릴 수 있다.

이렇게 각각의 장애를 파악하여 제거하는 것을 Barrier Free라고 부르며, 예를 들어 보도와 횡단보도의 경계 단차는 눈이 부자유스러운 사람에 대해서는 필요한 것일까? 큰 단차는 휠체어를 사용하고 있는 사람에 대해서는 장애가 된다. 그러나 서로가 의견을 일치시켜서 눈이 부자유스러운 사람이 가이드로 사용 가능한 단차의 크기를 휠체어로 타고 넘을 수 있는 정도까지 작게 하는 것도 가능하며 이것이 도로를 만드는 유니버설 디자인이다.

눈이 부자유스러운 사람 이외에는 사용하지 않는 점자 안내판도 눈에 보이는 문자와 지도와 병용하여 안내판을 만든다면 누구라도 사용할 수 있는 것이 된다. 넓은 보행자 공간을 확보하는 것은 일반적인 보행자에 대해서도 눈이 부자유스러운 사람에 대해서도 휠체어를 사용하고 있는 사람에 대해서도 걷기 편한 장소가 되기도 하고 노상에 설치된 벤치 등도 장애가 있는 사람뿐만 아니라 일반적으로 신체가 부자유스러운 사람과 임산부, 유아와 고령자의 불편함을 파악하여 설치하는 것이 된다. 이처럼 유니버설 디자인의 연구는 신체가 부자유스러운 사람을 위하여 연구했던 것이 신체의 상황과 세대를 초월해서 누구라도 사용하기 쉽게 만들어지는 것이다.

도로는 누구라도 공유해서 사용하기 때문에 유니버설 디자인 즉, 누구라도 저항을 느끼는 것이 없이 사용하는 것처럼 만들지 않으면 안된다. 그러나 누구라도 저항을 느끼는 일 없이 사용하는 것처럼 만들었던 도로에 있어서도 길어깨 측에 가득한 불법주차와 보행자 공간을 점용한 자전거, 보도에 길게 늘어선 가게의 상품 혹은 도로공사의 표식과 바리케이드 등도 설치방법에 따라서는 보행자에 대해서 장애가 될 수 있다. 이처럼 일시적 장애가 발생하지 않도록 연구된 도로인 경우, 진정한 의미에서 유니버설 디자인에 따른 도로라고 말할 수 있다.

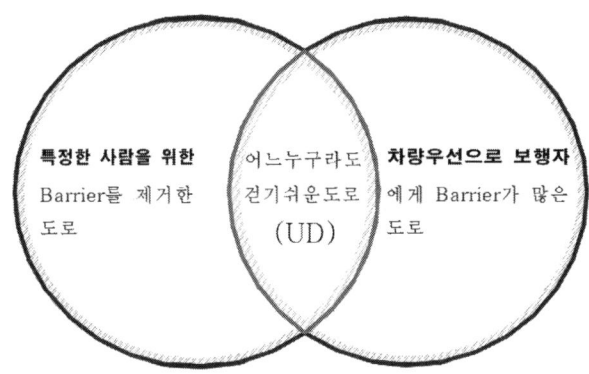

[그림 8.29] 도로에서 Barrier Free와 Universal Design의 개념

도로는 포장뿐만 아니라 표식과 안전책, 식재, 측구 게다가 벤치 등에 의해서 구성되어 있지만 그 하나하나가 대상자가 누구인가에 따라서 사용하기 쉬워야 하는 시설이 없는 경우도 있으므로 도로 전체를 대상으로 해서 유니버설 디자인의 적용 여부를 판단한다. 예를 들면 시각장애인용 유도블록은 눈이 좋지 않은 사람의 보행을 돕는 것이지만 휠체어와 일반 보행에 따라서는 장애가 된다고 말하는 견해도 있으며, 유니버설 디자인에서 고려하지 않는 부분이 될 수 있지만, 휠체어 사용자와 보행자에 따라 블록의 돌기가 이동에 지장을 줄 정도의 장애는 되지 않기 때문에 도로 전체를 하나의 제품으로 볼 때 그것은 유니버설 디자인 일부라고 생각하는 것이 가능한 것이다.

보행자 중심 가로환경 조성의 기본방향은 보도가 가로환경의 배경이 되도록 계획하여 차도의 폭을 줄이고 보도를 넓히는 것을 우선 고려하고 보행에 지장을 주는 가로시설물의 최소화, 개방감 확보를 위해 통합 가능한 시설의 통합화 그리고 시설물 디자인 측면에서 개개 요소별 디자인이 아닌 가로시설물 전체가 일체감을 느끼도록 디자인이 반영되어야 한다.

[그림 8.30] 시각장애인용 점자블록

안전과 도로의 경관을 목표로 했던 것이 도로의 유니버설 디자인을 저해하는 경우도 있다. 보행자의 통행과 자전거가 안전하게 통행하기 위하여 만들어져 있는 보도의 가운데에 자동차가 멈추어 있거나, 시각장애인용 유도블록이 설치되어 있지 않은 경우는 눈이 부자유스러운 사람 등에 따라서는 장애와 같을 수 있는 경우도 있다.

[그림 8.31] 보도 위 불법주차와 험프형 과속방지턱

눈이 부자유스러운 사람은 보차도 경계의 단차를 가이드화 하여 보행하는 경우가 많고 차량이 정차해 있는 경우 부딪칠 경우도 자주 있다. 또한, 도로 측대의 가운데와 커브 길에 설치되어 있는 도로표지판의 지주, 넓은 지역을 안내하는 석재시설물, 관공서 경계 부근에 심어놓은 꽃과 화분, 도로에 보이는 화단 등이 때로는 보행자에 따라서 도로의 장애물이 된다는 것을 인식하지 못할 수 있다.

누구라도 무거운 화물을 지니기도 하고 상처를 입고 신체가 부자유스럽게 되기도 하고, 피곤한 상태에서 도로를 걷는 경우도 생각하여 일반적으로 보행자가 안전하고 쾌적하게 걸을 수 있도록 도로를 디자인하는 것이 방해없이 걸을 수 있는 도로를 만드는 것이 되므로 그것이 유니버설 디자인의 실현에 근접한다고 생각할 수 있다.

일반적인 보행자가 안전하고 쾌적하게 걸을 수 있게 하기 위해서는 예를 들어 계단을 밟는 높이와 난간의 설치 등 도로를 걷고 사용하는 사람이 이용하기 쉬운 모형이 되도록 하기 위한 배려, 즉 마음의 Barrier Free에 따라서 설계와 시공, 관리가 중요하므로 그러한 배려가 유니버설 디자인에 따른 도로 만들기에 있어서 확산되어야 한다.

유니버설 디자인을 목표로 해서 만들어진 도로는 일반적인 상태에서 걷고 있는 보행자라도 그냥 지나치지 않고 거리를 느끼면서 편하게 걸어가는 것이 가능한 폭원과 원활한 이동이 가능한 노면을 가지고 필요에 따라서는 누구라도 알기 쉬운 안내표시, 누구라도 사용이 쉬운 벤치 등이 준비되어 있어야 하고 버스와 전차 등의 대중 교통기관의 이용에도 불편함이 없으며, 도로에 접해있는 건물 등에 출입이 원활하지 않으면 안 된다.

이런 생각과 유니버설 디자인은 어떠한 고령자나 신체가 부자유스러운 사람에게만 필요한 것은 아니고 보행자 모두를 위하여 필요한 설계이다. 즉 보행자 모두가 사용하기 쉬운 도로, 알기 쉬운 도로, 단차 없는 도로, 경사가 완만한 도로, 폭원에 여유가 있어서 장애물이 없는 도로, 피곤하다면 쉴 수 있는 것이 가능한 도로, 비가 내리더라도 물에 잠김이 없는 도로, 자동차와 자전거가 여유롭게 운행하는 상태에서 달릴 때 위험을 느끼지 못하는 도로 등을 만드는 것이 유니버설 디자인이 적용된 도로 만들기이다.

[그림 8.32] 보행자 휴식공간이 확보된 시설

　자동차의 여유로운 운행상태는 차량이 바로 정지하는 것이 가능한 속도에서 진행하는 것이므로 자동차 교통 우선의 도로에서는 유니버설 디자인에 따른 도로를 조성하기가 어려우며, 더구나 자동차 우선도로에서는 어느 정도로 장애를 제거해야 될 것인지라는 생각도 가지게 된다. 더구나 자동차 우선의 도로에서는 보행자는 자동차로부터 보도 또는 보행사 전용도로 등 안전지대로 피난해야 한다.

　자동차 주행공간과 보행자 공간 그리고 자전거 주행공간의 분리가 기본이 된다고 할 수 있으며, 보행자를 위한 공간은 유니버설 디자인에서 생각하는 방법이며 곧 보행자 우선도로와 동일한 방법으로 정비하는 것이 가능하지만 원활한 보행이 가능하도록 정비된 보도와 원활한 주행이 가능하도록 조성된 차도 및 자전거 도로와 상대적으로 무관하지는 않다. 보행자가 차도와 자전거 도로를 횡단하는 부분과 차량이 보도를 횡단하는 부분, 버스 정류장 등에서는 보행자와 자동차와 자전거 등이 접근하는 각 부분마다 Barrier Free가 필요하게 되므로 각각의 Barrier Free에 대해서 검증이 반드시 필요하다.

(2) 차도 횡단부의 유니버설 디자인

　차량이 주행하고 있는 도로를 보도와 동일하게 횡단하는 것은 위험하기 때문에 안전하게 차도와 자전거도로를 건너기 위해서는 신호등에서 자동차와 자전거가 정지한 후에 횡단보도를 건너는 평면횡단과 차도와 자전거 도로에 대해서 입체적으로 교차되어 있는 보도를 건너는 입체횡단이 있다.

　평면횡단은 최근의 일반적인 방법이지만 보행자에 따라서는 차도를 신호등에 따라서 횡단하는 위험성과 보차도 경계의 단차를 넘어서 횡단하는 위험을 가지기도 하며, 간선도로의 차도를 고속으로 주행하는 자동차에 대해서도 신호기에서 정차하는 것은 원활한 주행을 저해하는 것과 동시에 교통지체의 원인이 되는 문제가 발생된다. 횡단보도를 건너기 위해서는 보차도 경계의 단차와 눈이 부자유스러운 사람 등에 대해서 신호상황 등의 정보 제공, 횡단하려고 기다리는 시간과 횡단시간 등 보행자에 따라서 발생하는 장애를 파악하여 제거해야 한다.

또한, 횡단보도의 간격과 신호 시스템의 개선을 진행하여야 하며 보행자와 자동차의 신호 무시 등을 감안할 때 완전하게 Barrier Free를 실현하는 것은 매우 어려운 일 가운데 하나이다. 즉, 자동차의 속도가 느린 생활공간 속의 도로에서는 보도와 차도가 분리된 도로라도 신호가 없는 횡단보도가 많이 존재하고 있다. 생활공간의 진입부에서 신호를 증가시키는 것이 아니라 진입부를 횡단 부분의 보도와 같은 높이로 조정하여 연속적으로 보행자의 이동을 원활하게 하는 방법을 생각해야 한다.

이러한 경우에 있어서는 차도에 비교해서 보도와 동일하게 일반적인 단차의 높이를 가진 횡단보도가 자동차에 따라서는 험프(hump)의 역할을 하여 자동차의 속도를 줄이는 효과를 가져오기도 한다. 입체교차의 경우에는 차도를 이용해서 보행자 통로를 입체적으로 횡단하는 방법과 보도를 그대로 이용하고 차도가 입체적으로 보도를 돌아 나가는 방법을 고려해야 한다.

[그림 8.33] 횡단보도와 같은 높이로 설치된 고원식 험프

[그림 8.34] 차도를 가로질러 설치된 보도육교와 지하보도

보행자 통로의 입체횡단에는 보도육교와 지하보도가 있다. 이 방법은 자동차의 원활한 주행을 위하여 보행자에게 신체적으로 부담을 주는 방법으로 자동차 우선통행의 발상으로부터 나온 것이다. 그러므로 보행자는 도로를 횡단하기 위해서 계단을 오르거나 내리게 되고 특히, 휠체어를 사용하는 사람과 다리가 불편한 사람, 눈이 불편한 사람, 나리가 허약한 고령자 등에 따라서는 커다란 장애가 될 수 있다. 현재 이러한 불편을 해소하고자 기존 지하철역에 설치되어 있지 않은 에스컬레이터나 엘리베이터 및 이용자의 안전을 위한 PSD(플랫폼 스크린 도어) 등의 편의시설 공사를 하는 것을 종종 발견할 수 있다. 불편을 해소하고자 하는 이러한 노력에 따라서 보행자의 장애가 완전하게 해소되는 것은 아니지만, 나머지 어느 정도의 장애와 불편사항을 이용자가 잠정적으로 감수하고 있다.

보도를 있는 모양 그 자체로 사용해서 차도가 입체적으로 보도를 우회하는 방법과 차도가 보도의 위를 넘어가기도 하고 지하에 들어가서 주행하는 지하차도와 같은 구조로 설치되는 방법, 고가와 지하차도를 주행하는 자동차 전용도로와 보도 등이 입체적으로 교차하고 있는 사례는 주변에서 많이 볼 수 있다. 또한, 점자 유도블록을 차도 내에 설치하여 보도 단부에서 끊긴 동선을 연결하여 시각장애인이 차도를 안전하게 횡단할 수 있도록 배려한 사례도 있다.

횡단보도 접근부의 보도 경사 완화에 따라 발생하는 경사구간에서 우천 시 보도 노면의 미끄러움으로 발생하는 보행자의 미끄럼 사고를 방지하기 위한 목적으로 경계지점에 홈을 파거나 미끄럼방지 시설물을 부착하여 미끄럼을 방지하는 시설로 안전한 보행을 도모하기도 한다.

[그림 8.35] 지하철역 내의 에스컬레이터와 엘리베이터

[그림 8.36] 플랫폼 스크린도어

[그림 8.37] 고가도로와 지하차도

(3) 버스 정류장

버스 정류장 이외에 택시 승강장도 보행자가 차량으로 접근할 수 있는 장소이지만, 버스 정류장에 있어서 발생하는 장애의 종류는 다음과 같다.
① 승객이 버스가 도착할 때까지 오랫동안 기다리는 경우
② 일반적으로 보행자에 따라서 차이가 있겠지만 버스를 기다리는 사람들의 늘어선 줄이 매우 짜증이 날 수 있는 경우

③ 버스 정류장에서 버스 운행상태 등을 알려주는 필요한 정보를 얻기가 힘들어 답답할 경우
④ 버스가 정류장에 근접하여 정차하지 않고 차도에 떨어져 정차했을 경우
⑤ 버스에 오르기 위해 휠체어 등을 이용하는 사람이 이용하기 힘든 경우
⑥ 버스가 정류장에서 승객을 기다리면서 다른 차량의 교통에 방해가 되는 경우

이외에 여러 가지 경우를 발견할 수 있으며, 버스 정류장은 버스를 이용하는 장소인 동시에 버스를 기다리는 장소이므로 버스 정류장에서는 버스를 기분 좋게 기다리는 곳으로 인식되는 것이 중요하다. 가령 지붕이나 벤치 같은 것을 마련하여 바람이나 눈, 비 등을 충분히 피할 수 있도록 하는 것이 필요한 장소이다.

[그림 8.38] 테라스가 없는 버스 정류장과 설치된 버스정류장

버스를 기다리는 사람들의 줄이 길면 길수록 보행자의 환경은 더욱더 열악해지기 마련이므로 보행자의 공간과 버스 정류장을 분리하여 설계하는 것이 바람직하다. 버스 정류장에 따라서는 버스의 운행 시각표와 운행 경로의 설명 또는 다음 버스가 오는 시간이 어느 정도인지 등 정보를 알고 싶어 하므로 이러한 정보를 일반인들은 물론 눈이 불편한 사람, 귀가 불편한 사람, 게다가 휠체어를 타고 있는 사람들까지 잘 알 수 있게 정보를 제공하는 것이 필요하다.

[그린 8.39] 저상형 버스의 이용

[그림 8.40] 버스 정보시스템(BIS)와 버스중앙차로

　버스가 정류장에 접근해서 평행하게 정차하는 것이 불가능하면 휠체어의 접근이 어려워지고 또한, 승객은 차도로 내려가서 버스를 타게 되므로 고령자와 신체가 부자유스러운 사람에 대한 장애가 발생하게 된다. 저상형(低床型) 버스를 도입하더라도 버스는 정류장에 접근해서 정차하는 것이 꼭 필요하며 저상형 버스의 높이가 차도의 노면으로부터 15cm 정도가 필요하므로 버스 정류장 플랫폼의 높이도 그 정도에 맞추어야 한다.

[그림 8.41] 저상형(低床型) 버스와 굴절형 버스

　버스가 플랫폼에 접근해서 정지하기 위해서는 플랫폼이 차도측에 길게 뻗어 설치하는 테라스형 버스 정류장도 연구되어야 한다. 그러나 차로의 수가 적은 도로에서는 테라스형 버스 정류장은 보도를 그대로 플랫폼과 같이 사용하기 때문에 뒤따라오는 차량의 교통 혼잡을 초래하게 되고 때에 따라서는 교통 지체의 원인이 되기도 한다.

　한편, 뒤따라오는 자동차의 혼잡을 막기 위해 연구가 된 버스 베이(bus bay)형 정류장에서는 버스가 정확하게 접근해서 정차하는 것이 어렵다고 하여 최근 일본에서는 접근하는 보도 측에 비스듬히 설치하는 새로운 형태의 버스 정류장을 연구하고 있다. 저상형(低床狀) 버스, 굴절형 버스 등 새로운 종류의 버스가 도입되고 있고 버스 중앙차로제의 시행으로 인한 교통 상황이 급변하는 요즘 새로운 보행자 중심의 버스 정류장 설계 및 도입의 필요성이 제기되고 있다.

　지금까지 우리나라의 이동환경에 유니버설 디자인을 도입한 것은 일반인 보다는 이동에 장애를 겪는 교통약자에 초점을 맞추어 왔다. 물론 장애인과 노약자 등도 손쉽게 이용할 수 있는 시설이면 일반인 역시 편리하게 이용할 수 있겠지만 진정한 의미의 유니버설 디자인은 장애 유무에 상관없이 누구나 쉽게 이용할 수 있는 이동환경의 조성이므로 교통약자를 위한 시설을 넘어 누구라도 느낄 수 있는 이동과정의 불편함을 최소화하는 환경을 조성해야 한다. 앞으로 개발되는 이동환경에는 계획단계에서부터 유니버설 디자인의 개념을 적용하거나 그러한 개념을 기초로 하여 개발된 이동환경을 도입해야 할 것이다.

2.4 자동차의 유니버설 디자인

인간공학이란 인간의 몸과 마음이 자연스럽게 움직이는 방식에 맞추어 사람들과 관련되는 분야에 이론을 적용하는 학문으로 인간과 밀접한 관련이 있는 자동차 설계에 이용되었으며, 자동차에 실제로 탑승했던 사람들의 의견을 지속해서 반영하고 있다.

자동차 인간공학의 3대 요소는 보기(see), 듣기(listen), 작동하기(operate)로 축약된다. 먼저, 보기에 있어서 자동차의 운전자는 반드시 다른 차량, 보행자, 교통신호 그리고 자동차 내부의 계기판에 주의를 기울인 후 재빨리 정확한 판단을 해야 하므로 이러한 모든 것들을 보기 쉽게 만드는 것이 대단히 중요하다. 예를 들어, 반사경을 통해서 사물을 측정할 때 실제의 위치보다 더 멀리 있는 것으로 나타나는 것은 인간의 눈이 멀리 있는 물체와 가까이 있는 물체를 번갈아 보며 초점을 바꾸는 데 시간이 소요되기 때문으로 만약 반사경을 통해 측정물이 멀리 보인다면 그 측정물과 앞의 도로를 번갈아 보는 것에 여유가 있게 된다.

[그림 8.42] 자동차 인간공학의 3대 요소

어떤 소리는 듣기 좋지만 어떤 소리는 짜증이 나게 만들며, 사람은 나이가 들수록 높은 영역 대의 소리를 들을 수 있는 능력을 잃게 되므로 운전자에게 주의를 환기하는 소리를 만들기 위해서는 그 소리가 어떻게 들리고 사람들의 감정에 어떠한 영향을 주는지 이해하는 것이 중요하다. 이러한 소리 시스템은 자동차가 장애물에 접근하고 있으면 운전자에게 경고하며 반복되는 소리의 간격이 짧을수록 듣는 사람을 더욱 긴장하게 만들므로 이 시스템은 장애물이 가까워짐에 따라 충돌 가능성에 대한 경고로써 더 빠른 소리를 내어 운전자의 주의를 환기한다.

만약 어떤 방향으로 운전대를 작동시켜 자동차가 그 방향으로 간다면 자동차를 운전하기 쉽겠지만, 만약 자동차를 오른쪽으로 가게 하려고 운전대를 왼쪽으로 돌려야 한다고 상상하면 이상할 것이다. 이렇듯 적정한 크기와 형태는 조종 장치의 사용을 쉽게 하므로 사람의 손바닥 크기와 변속하는 동안 팔의 움직임에 관한 연구는 둥근 모양의 레버를 만들게 하였으며, 둥근 모양의 변속레버는 좀 더 자연스럽게 인간의 손에 맞춰지고 좀 더 쉽게 변속할 수 있도록 하였다.

경주용 자동차는 속도의 목표를 위하여 설계의 한계를 높이지만 경주용 자동차 운전자의 체형과 크기는 제각각이므로 운전대부터 가장 작은 스위치까지 모든 조종 장치는 각각의 개별적인 운전자가 운전하기 쉽게 만들어져야 하며, 이러한 예는 유니버설 디자인의 가장 극단적인 경우이며 지금은 이러한 경주용 자동차의 기술체계가 일반적인 자동차에도 적용되고 있다. 누구나 타고 내리기 쉬운 자동차, 누구나 쉽게 운전할 수 있는 자동차, 이러한 자동차가 흥미 있고 유니버설 디자인이 적용된 자동차이다.

2.5 인간중심 공간의 창조

인간 생활을 둘러싼 다양한 환경들은 과거에는 인간의 기본적인 욕구 충족과 외부로부터의 인간생활 보호 등과 같이 기본적인 목적을 위해서만 존재했었지만, 지금에는 존재의 목적이 과거와는 달리 본래 기능 이외의 편리함과 안전함 등에 초점이 맞추어져 모든 사람이 쉽고 편안하게 삶을 영위할 수 있는 접근성, 적용성, 미학성, 기능성의 원칙이 적용되는 환경으로 변화하고 있다. 이동환경 역시 이동하는데 모든 사람이 쉽게 할 수 있고 편리하게 이용할 수 있는 이동 수단이 등장하고 그것을 이용하기 위한 시설에도 유니버설 디자인을 도입하고 있다.

지금까지 우리나라의 이동환경에 유니버설 디자인을 도입하는 것은 일반인보다 이동에 어려움을 겪는 교통약자에 초점을 맞추어 왔다고 할 수 있지만 진정한 의미의 유니버설 디자인은 장애 유무에 상관없이 누구나 쉽게 이용할 수 있는 환경조성을 말한다. 그러므로 이제는 교통약자를 위한 유니버설 디자인 도입 수준을 넘어 교통약자가 아닌 일반인도 누구나 느낄 수 있는 이동과정의 불편함을 최소화하는 이동환경이 조성되어야 한다.

[그림 8.43] 넓은 공간을 제공하고 있는 거리

[그림 8.44] 인간들에게 위협적인 요소가 되는 볼라드

[그림 8.45] 횡단보도 진입부의 미끄럼방지 시설, 샌프란시스코

[그림 8.46] 경사로가 설치된 계단, 밀양 영남루

[그림 8.47] 유니버설 디자인이 반영된 이면도로, 서울 강남구

[그림 8.48] 인간중심의 보행전용거리, 인사동 길

시각장애인용 동선 단절

차도 내 동선 연결

미관이 불량한 환기구

기능성 조형물

통행에 불편을 주는 시설물

바닥 사인으로 무장애 공간 실현

[그림 8.49] 인간중심 공간의 창조에서 고려되어야 할 요소들

2.6 공공 디자인이 스며든 공간

　유니버설 디자인과 함께 공공 디자인 분야에서 시도하고 있는 디자인으로 사람의 마음을 읽는 행동 유도성 디자인(affordance design)이 있다. 행동 유도성은 미국의 심리학자 제임스 J. 깁슨이 주창한 개념으로 '제공하다'는 의미인 Afford를 명사화한 것으로 행동 유도성은 사물의 작동 방식에 시각적 단서를 제공하는 것을 의미한다.

　사람들은 사물의 형태에서 직관적으로 사용 방법을 찾아 이를 바탕으로 행동하므로 물건이 어떻게 작동하는지를 눈으로 보면 알 수 있는 명확한 단서를 제공하는 디자인이 잘된 디자인이고 자연스러운 디자인으로 평가한다. 이러한 디자인은 건물이나 도로, 공공시설 등 일상의 모든 부분에 적용되며, 횡단보도의 경우 적절한 곳에 있으면 모두가 편리하게 이용하겠지만, 간격이 너무 멀거나 효율적으로 계획되지 않았다면 무단횡단을 할 가능성이 있으므로 사람들의 자연스러운 행동을 관찰하여 이를 바탕으로 설치해야 사람들이 편리하면서 안전하게 이용할 수 있다.

　그러므로 공공 디자인 관점에서 제품의 형태와 색, 재질과 소리 등은 제품에 관한 정보를 최초로 전달하여 제품의 디자인과 사용에서 모두 중요한 단서로 작용하므로 사용자가 쉽게 이용할 수 있는 방향으로 시청각 메시지를 설계하고 사용자는 이를 자연스럽게 받아들여 제품 이용에 참고하게 되는 점을 고려하여 제품의 외형뿐만 아니라 편리하고 자연스러운 사용 방법까지 디자인해야 한다.

　평범한 사용자의 측면에서 볼 때, 누구나 자동차나 버스, 기차에서 의자와 등받이, 다리 받침대 등을 조절하며 불편함을 느끼며, 버튼과 좌석 구조의 대응 관계를 파악하기 위해 전부 눌러 보며 움직임을 감지해야 한다. 대형 강의실에서도 수십 개의 형광등이 여러 개의 스위치와 어떻게 매칭되는지 파악하기가 쉽지 않다. 사용자는 기술이 요구하는 원칙이나 작동 방식이 익숙한 습관이나 행동 방식과 충돌할 때 혼란을 느끼므로 아무리 똑똑하고 의도가 좋아도 엔지니어나 프로그래머는 기계의 관점에서 바라볼 수밖에 없는 한계를 벗어나서 평범한 사용자의 상황을 인식하는 게 매우 중요하다.

[그림 8.50] 공공 디자인과 유니버설 디자인이 반영된 재떨이와 원형 벤치

우리가 일상적으로 알고 있는 사물과 다른 크기로 표현된 대상은 새로운 감상을 자아내므로 실제를 과장하거나 축소하여 설계된 조형 작품이나 건축물이 많이 나타나고 있다. 일회용 컵을 극단적으로 확대하여 시민들에게 경각심을 주는 '테이크아웃 쓰레기통'은 사람들이 거리에서 뚜렷한 존재감을 과시하는 쓰레기통을 보며 일회용품을 다시 한번 생각하게 한다.

일회용 컵 쓰레기통은 자연스럽게 분리수거를 유도하는 디자인으로 쓰레기통의 형태와 버리는 내용물이 같은 이미지로 연결되어 인식이 행동으로 이어지므로 쓰레기를 버리는 재미와 함께 경각심을 주어 거리를 깨끗하게 하는 캠페인이라 할 수 있다.

[그림 8.51] 테이크아웃 쓰레기통

또한, 생활 속 실천하는 디자인 관점에서 피아노 계단은 사람들의 건강을 증진하기 위한 행동을 유도하는 디자인으로 에스컬레이터보다 계단을 이용하는 것이 건강에 좋다는 사실을 모두가 알지만, 실질적인 행동으로까지 이어지기가 어려우므로 여기에 사람들의 행동을 유도하는 디자인을 적용하여

실천으로 유도한 사례이다.

피아노 계단을 밟으면 센서가 작동해 LED 조명이 들어오고 경쾌한 피아노 소리가 나는데 손이 아닌 다리로 피아노를 연주하는 듯하여 사람들은 마치 직접 곡을 연주하는 듯한 기분을 느끼며 건강을 챙길 수 있다. 주차장에서 주차선과 과속방지턱 위치를 알리는 발 모양 그림 또한 사람의 심리를 자극해 특정한 행동을 유도하는 사례이다.

이렇게 공공 디자인(Public Design)은 모든 개인의 삶을 위한 사회의 노력으로써 집을 나서는 순간, 우리의 일상은 공공시설에서부터 시작되며 버스정류장, 신호등, 휴지통, 공원 벤치, 각종 안내표지판 등 도시의 기반시설은 우리의 일상을 채우고 더 나아가 삶의 일부분을 구성하고 있으므로 도시의 정체성을 적절하게 반영한 공공 디자인은 시민에게 편의를 제공할 뿐만 아니라 소속감을 부여하고 일상에서 예술을 느끼게 한다.

현대 사회의 공공 디자인은 사회적 약자를 배려하고 도시환경을 배려하는 방향으로 나아가야 하며, 의료 복지 서비스를 확장해 사회적 안전망을 굳건하게 구축하는 한편 다양한 문화 예술의 기회를 제공하여 시민의 삶을 더욱 풍부하게 만드는 기능을 한다.

이렇게 공공성은 모든 사회 구성원의 더 나은 삶에 관계하며, 국민의 삶의 질에 대한 욕구가 점점 높아지면서 도시의 공공 환경에 대한 사회적 욕구와 관심도 증대되고 있으므로 단순히 물리적 환경을 조성하는 것을 넘어 모두와 함께 새로운 문화를 형성하고 인간답고 풍요로운 삶의 기반을 확충하는 것이 공공 디자인이 나아가야 할 방향이다.

2.7 가로환경의 미래

앞으로 유니버설 디자인의 기법이 적용된 거리와 가로환경이 지향해야 할 것은 모든 사람에게 편리하고 누구나 이용할 수 있으며, 모두가 쉽고 안전하게 이용할 수 있는 거리가 바로 유니버설 디자인이 적용된 거리와 가로환경이다.

걷기에 걸림돌이 되는 요소들을 제거했다는 것은 기존의 거리에서 우리가 보아 왔었던 수많은 것들이 사라졌거나, 걷기에 걸림돌이 되지 않도록 재배치된 것을 의미한다. 인도 안쪽으로 들어간 벤치, 가로등, 가로수, 시설물 등이 대상이 되며 간판, 주차 차량, 조업 차량, 상품진열대, Kiosk 등의 제거 등도 해당한다. 그리하여 시각장애인, 휠체어 사용자, 노약자, 임신부, 유모차를 동반한 사람들 모두가 누구나 쉽고 편리하게 이용할 수 있어야 한다. 그러면서도 거리에 꼭 필요한 것들은 설치되어야 한다. 가로등, 잠시 쉬어갈 수 있는 벤치, 사용하기 편리한 휴지통, 누구나 쉽게 알 수 있는 거리 안내표지판, 편의시설 등이다. 거리 좌우에 배치된 휴식공간, 적절한 공원과 미술관, 극장, 전시관 등의 문화공간도 거리에 꼭 필요한 공간들이다. 단순히 편리한 거리만 존재한다고 해서 사람들이 그곳을 찾는 것이 아니다. 거리는 문화와 연결될 때 비로소 거리의 역할을 하게 된다.

또한, 무엇보다도 안전성이 확보되어야 한다. 보도, 자전거도로, 차도를 분리하고 보도와 차도 사이를 분리하는 것이 필요하며, 넓고 평탄한 보도의 설치와 적절한 밝기의 가로등 설치도 필요한 부분이다.

근래에 들어 서울시를 비롯한 지방의 주요 도시에서 거리의 주인인 사람들에게 거리를 돌려주기 위해 추진하고 있는 '걷고 싶은 거리 조성사업'도 매연과 소음에 시달리고 차량 통행에 불안하고 불편해하였던 거리의 주인인 사람들에게 거리를 돌려주고 우리의 거리를 편안하게 걷고 산책하고 자주 찾고 싶은 거리로 만들어 가자는 것이 기본취지로 매우 바람직한 현상으로 받아들여지고 있으나 실질적인 내용을 들여다보면 인간을 배려하고 지역의 역사성과 문화와 전통을 살려야 할 사업이 거리의 조형물 조성과 외관적인 조경 시설에만 신경을 쓰고 의미를 부여할 뿐, 정작 거리의 주인인 사람들과 역사, 전통, 문화에 대한 배려가 소홀하다는 지적을 받고 있다.

이러한 결과, 걷고 싶은 거리가 조성된 후에는 임대료의 상승, 업종의 변화 등으로 본래 그 거리에 자리 잡고 있었던 전통적인 분야가 다른 지역으로 이탈하여 전혀 색다르고 소비적이고 향락적인 거리로 변하고 마는 안타까운 현실이 나타나는 사례도 있어 앞으로 인간중심 가로환경 조성에 있어서 본보기로 삼아야 할 것이다.

[그림 8.52] 사람들을 극장으로 불러 모으는 문화가 있는 거리

[그림 8.53] 서울특별시에서 조성한 걷고 싶은 거리

[그림 8.54] 보행자도로와 자전거도로를 확연하게 구분한 도로

서울특별시에서도 걷고 싶은 거리 조성사업과 함께 오랫동안 차량이 주인이었던 시청 앞 광장을 시민들의 공간으로 변모시켜 서울광장으로 조성하여 시민들이 즐겨 찾고 이용할 수 있는 공간으로 활용하고 있으며, 2009년 청계천 복원공사와 연계하여 기존의 16차로 도로 공간인 세종로 일대를 차로수를 10차로로 조정하고 나머지 공간을 시민들이 쉽게 접근하고 찾을 수 있는 광화문 광장이 조성되었으며, 2022년 다시 문을 연 광화문 광장은 도로공간을 6차로로 축소하여 조정하고 월대를 복원하여 역사적 의미를 계승하고 가로공원을 조성하여 시민들이 찾아오고 모여드는 공간으로 탈바꿈을 하고 있다. 이러한 일련의 움직임은 이제 도시의 가로공간이 차량 중심의 개념에서 인간 중심으로 변환되고 있음을 시사하고 있다.

이제는 인간 중심의 도로에서 유니버설 디자인의 도입이 기존에 개발된 이동환경의 불편함을 찾아 수정하고 보완하는 수준을 넘어 계획단계에서부터 유니버설 디자인의 개념을 적용하여 이동환경을 조성하여 모든 이동환경이 누구나 쉽게 접근할 수 있고 편리하게 이용할 수 있는 방향으로 자연스럽게 이루어지는 환경이 될 수 있도록 노력해야 한다.

거리는 인간들의 역사와 함께했으며 앞으로도 사람과 도시와 함께 계속될 것이므로 사람들이 주인이 되는 거리로 돌아와 신체가 불편한 사람들은 물론 모두가 거리로 나와서 거리를 거닐고 느끼고 즐길 수 있도록 만들어져야 한다.

[그림 8.55] 국가상징 가로 광화문 광장, 2022년

3. 유-에코로드 (U-Eco Road)

U-Eco City는 첨단 IT 기술을 집대성한 유비쿼터스(ubiquitous) 기술과 생태계 순환기능 등 생태기술을 도시공간에 융·복합하여, 혁신적인 도시가치를 창출하는 지속가능한 미래형 첨단 친환경도시로 U-Networks에서는 도시공간의 지능화, 도시공간의 사이버화, 도시공간의 네트워크화를 통하여 언제 어디서나 사람과 사물, 공간이 상호 지능을 가지고 소통할 수 있는 환경을 조성하며, Eco-System에서는 도시구조와 도시기능, 인간의 생활양식, 사회시스템에 생태원칙인 순환성, 다양성, 자립성, 안전성 등을 접목하는 것이다.

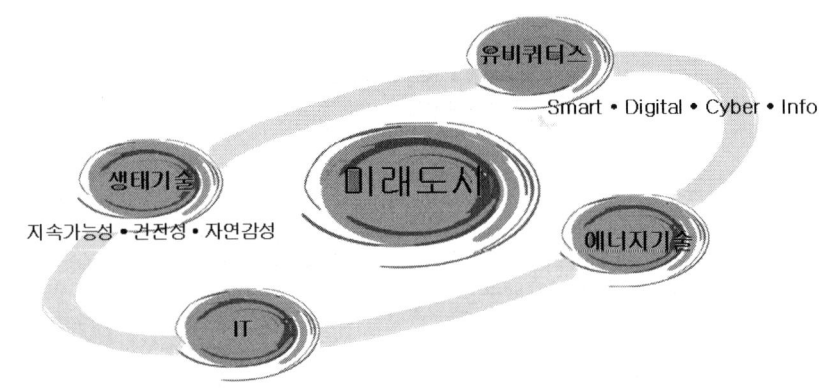

[그림 8.56] 미래도시와 U-Eco City

U-Eco City의 모델은 인간, 자연, 공간, 시설 등으로 구성되며 이 가운데 자연과 관련된 Eco-Service로는 생태네트워크, 물순환 체계, 신재생 에너지, 청정환경 등이 포함되며, 공간과 관련된 U-Service로는 도시관리, 도시안전, 도시환경, 도시문화 등이 포함된다.

한편, U-City는 첨단 IT 기술을 도시공간에 융복합하여 무한한 도시가치를 창출하는 지속가능한 미래형 첨단도시로써 Ubiquitous는 어디에서나 동시에 존재(being or seeing to be everywhere at the same time)한다는 사전적 의미가 있으며, 이러한 U-City는 국토 도시환경이 날로 복잡하게 변하여 문제해결의 어려움이 증가하여 새로운 개념의 도시를 요구하게 되어 정보통신 분야의 비약적 발전과 도시혁명, 도시진화의 과정에서 새로운 패러다임에 의해 출현하게 되었다.

U-City는 택지개발, 기반시설 확충 등 종래 하드웨어 중심의 도시개발 방식에서 도시공간에 유비쿼터스 기술을 적용하여 시설물, 교통체계 등 기존 도시자원의 활용을 극대화하는 새로운 도시발전 모델이다.

[표 8.7] U-City의 구성요소

구 분	구성요소
U-Service	U-Traffic, U-Environment, U-방범 / 방재
U-Infrastructure	통신망, 센서, 도시통합운영센터
도시기반시설	IT기술을 이용하여 센서 등으로 지능화된 시설

　Eco City는 사람과 자연, 환경이 조화되어 공생할 수 있는 도시의 체계를 갖춘 도시로써 도시를 하나의 유기적 복합체로 보고 다양한 도시활동과 공간구조가 생태계의 속성인 다양성과 자립성, 순환성, 안정성 등을 띄도록 함으로써 인간과 자연이 공존할 수 있는 환경친화적인 도시이며, 유사한 개념으로 전원도시(Garden City), 녹색도시(Green City), 에코폴리스(Ecopolis), 환경보전형 도시, 환경보전 시범도시 등이 있다.

　이러한 에코시티는 시대적 변화에 따라 생태도시의 주요 관점과 쟁점도 변화되고 있으며, 1992년 브라질 리우환경회의에서 지속가능성(sustainable) 개념을 천명하기 이전에는 자연환경 보전이나 환경오염 관리를 강조하는 환경중심주의로 접근에 치중하였으나 이후로는 자연보전뿐만 아니라 문화적 다양성, 경제적 활기, 사회적 형평성을 상위차원에서 통합한 보편적 개념으로 변화시켜 왔다.

[표 8.8] Eco City의 진화과정

구 분	1980년대	1990년대	2000년대
도시개념	푸른도시・청정도시 자연생태계의 보전 및 풍성한 녹지가 있는 도시, 푸른 도시와 청정도시의 이미지 강조	자원・에너지 순환형 도시 자원의 순환과 에너지 자립 등 도시의 순환체계 형성이 이슈로 등장	지구환경문제 관련 지구온난화 방지 등 지구환경문제에 관심을 두고 도시 미기후 관리 등이 이슈가 됨

　지구온난화를 둘러싼 환경주도권이 새로운 도시건설과 도시관리의 주도 기술로 떠오르면서 세계 곳곳에 '탄소제로'를 지향하는 도시가 건설 중이다. 이러한 시대상황에서 지구가 직면한 환경문제 즉, 탄소배출 억제에 초점을 맞춘 적극적인 Eco City의 하나의 형태로서 친환경 에너지시스템 구축이 나타나고 있으며 글로벌 도시경쟁력을 갖추는 필수요소로 주목받고 있다.

'탄소제로' 도시는 도시 전체가 배출하는 이산화탄소량이 다른 도시보다 현저히 적거나 그 도시가 배출하는 탄소량만큼 태양열·수소에너지·풍력에너지·지열에너지 등 청정에너지를 생산하는 친환경 신도시를 말한다.

3.1 도시화와 인식의 변화

지구온난화에 대처하기 위한 세계 각국의 노력은 1997년 12월 지구온난화 방지를 위한 교토 회의에서 2008년부터 2012년까지 1990년 기준 CO_2 양을 6% 감축하기로 합의하였으나, 현실적으로는 환경에 대한 고려가 부족한 도시개발로 인하여 녹지면적률 감소, 도시열섬현상 심화, 불투수 면적률 증가 등 생태문제가 발생하고 있다.

그러나 삶의 질에 대한 기대가 높아짐에 따라 첨단기술을 도시에 도입하여 생활의 편리성 및 안전성을 제고하고, 환경파괴를 최소화하면서 자연과 공생하는 도시환경에 대한 요구가 확대되고 있으며, 주민들의 환경에 관한 관심이 높아지고 환경과 관련된 정보가 IT 기술을 기반으로 누구나 접할 수 있게 되면서 도시환경에 대한 인식이 점차 변하고 있다.

이러한 인식변화와 기후변화에 따라 21세기 저탄소사회의 실현이 지구촌 최우선 과제로 등장하고 있으며, 우리나라에서도 이러한 글로벌 트렌드에 적극 부응하여 저탄소·녹색성장이 국가차원의 트렌드로 부상되었다. 쾌적한 환경을 유지하는 Eco City에서는 도시지역 CO_2 배출량의 20% 이상을 차지하는 자동차 배기가스 등 도로의 환경부하를 최소화하는 도시부 친환경도로인 Eco Road의 조성이 요구되며, 이러한 삶의 질을 향상하고 환경피해를 최소화하는 Eco Road는 「인간과 자연과 환경 모두에게 좋은 도로」로 정의할 수 있다.

일본에서는 1980년대부터 친환경 Eco Road의 조성에 착수하여 니코우츠노미야 에코로드, 오니코베 에코로드, 나가노 시가루트 등 지역별로 대표적인 에코로드를 자연자원이 풍부한 지역에 조성하였으며, 도시지역에서도 타마신도시, 카마쿠라시 등에 친환경 도시환경을 조성하고 있다.

독일의 환경수도인 프라이부르크에서는 저탄소·녹색도시의 실현을 위해 친환경 교통수단인 전차의 운행, 자전거 이용 활성화, 도시 내 물길조성, 녹지환경 확대, 에코에너지 시스템 등을 적용하고 있으며 이러한 경향은 독일뿐만 아니라 유럽의 많은 도시에서 새로운 트렌드로 자리를 잡고 있다.

[그림 8.57] 도시가로에 물길을 끌어들인 독일 환경수도 프라이부르크

[그림 8.58] 프라이부르크 시내의 자전거 보관시설

3.2 도시화와 생태문제

유럽연합(EU)은 미래경제를 이끌 6개 선도시장의 하나로 「지속 가능한 건설(Sustainable Construction)」을 전망하고 있으며, 미국의 공학한림원은 21세기의 위대한 도전(Grand Challenges for Engineering) 14가지 중 「도시기반시설의 유지와 개선」 기술을 포함하여 도시열섬, 홍수, 대기오염 등의 문제에 대응할 기술로 「Green Infrastructure」를 제시하고 이를 통해, 홍수 및 수질관리, 경관의 개선, 서식지 다양성 및 도시민의 휴식공간 제공 등을 추구하고 있다.

서울특별시의 경우 전체면적의 48% 이상이 불투수 포장이고, 이 면적 중 불투수 포장도가 70% 이상인 도시사막화 지역이 도시지역의 70% 이상을 차지하고 있으며, 환경에 대한 고려가 없는 도시개발 사업으로 인해 녹지면적률은 감소하고 불투수 면적률은 늘어나는 등의 문제가 발생하고 있어 빗물이 땅속으로 침투되지 못하고 대부분이 하수관거로 유출되어 도시사막화와 물순환 문제가 생태계 순환 차원에서 제기되고 있다.

또한, 용수 부족, 도시열섬현상 심화 및 친수공간에 대한 시민들의 요구가 증대되고 있으며, 강우 시 집중적으로 유출되는 비점오염원이 수질오염에서 차지하는 비중은 2003년 기준 수계별로 42~69%를 차지하고 있으나, 2015년 이후로 점차 증가할 것으로 예상되어 도시 비점오염원 관리의 중요성이 드러나고 있다.

[그림 8.59] 서울특별시의 불투수 포장면적 현황

21세기 저탄소사회(LCS: Low Carbon Society)의 실현이 지구촌의 최우선 과제로 등장함에 따라 기후변화가 단순히 환경문제가 아니라 인류의 생존을 위협하는 심각한 도전이라는 인식이 제기되고 있으며, 2012년 이후 기후변화 대응체제(Post-2012) 협상에 강력한 동기가 제공될 것으로 예상된다. 2000년대에 들어와 2002년 교토협약에 따른 후속 조치로 화석연료를 사용하는 자동차에 대한 부정적인 시각이 확산하였으며, 2015년 파리협약에 따른 온실가스 감축이 전지구 차원의 현안으로 떠오르고 있다.

3.3 U-Eco Road의 조성

도시부 도로는 이동오염원으로써 도시 CO_2 배출량의 25% 이상을 차지하는 오염원으로 작용하며, 도로로 배출되는 자동차 배기가스는 도시환경을 악화시키고 있으므로 쾌적하고 향상된 삶의 질이 확보될 수 있는 Eco City에서는 도시환경오염의 주범인 도로의 환경부하를 최소화하면서 자연과 공생하는 새로운 형태의 환경친화적인 Eco Road를 조성하는 것이 미래의 녹색사회에 부응하는 길이다.

유비쿼터스를 기반으로 하는 U-City에서는 대중교통이 중심이 되는 Park & Ride 시스템으로 Eco Traffic을, 친환경 에너지의 활용으로 Eco Energy를, 환경부하 저감 시스템으로 Eco Environment를 실현하는 것을 U-Eco Road의 기본개념으로 설정하고 있다.

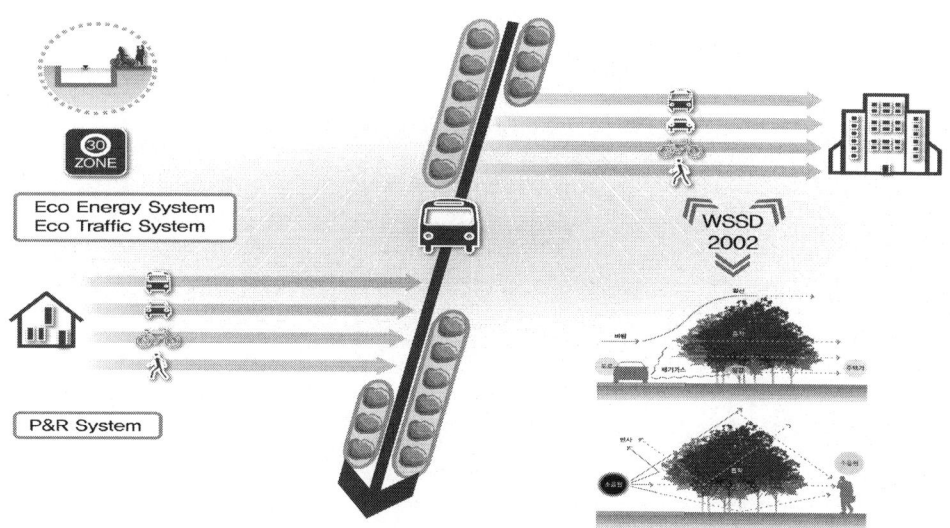

[그림 8.60] U-Eco City의 Eco Road 개념도

- 시간소요, 공해발생 **환경부하 교통체계**	Eco Traffic – 친환경 교통체계 구축 – 녹색교통 활성화 – U기반 ITS 교통체계 확립
- 자원/에너지의 일회적 소비 **일방적 에너지 소비체계**	Eco Energy – 태양광 활용 – 고기능성 포장(차열성 포장 등) – 풍력, 지열 활용
- 열섬현상, 생태계 파괴 **도시화 생태문제**	Eco Environment – 저탄소 녹색도시 구현 – 물순환 System 구축 – 환경부하저감(수질, 대기, 소음)

[그림 8.61] U-Eco Road의 기본개념

3.4 U-City에서 Eco Road

유비쿼터스를 기반으로 하는 U-City에서 Eco Road를 조성함에 따라 도시 환경부하 저감과 바람길, 물길, 녹지축 등의 조성으로 자연생태 순환길을 형성하여 대기오염을 저감시키고 지반에 우수 침투량을 증가시켜 물 순환의 촉진으로 토양오염을 저감시키고, Ubiquitous 기술, ITS 기술과의 융복합을 통한 자연친화적인 도로공간 조성기술의 실용화가 기대된다. 또한, 바람과 물의 순환, 녹지축 조성으로 도시의 대기오염, 열섬현상, 소음 등의 저감과 대중교통 위주의 순환형 도시교통체계로 대기오염 및 소음 저감, 투수 및 배수 기능이 강화된 도로의 조성으로 홍수피해, 토양오염 저감, 친환경에너지를 사용한 Eco Energy System 구축으로 CO_2 배출량 저감, 생태계를 보전하고 자연친화적인 공간이 확보되는 도로 횡단면의 구성으로 자연과 인간이 공생하는 쾌적한 공간환경이 조성될 것으로 예상된다.

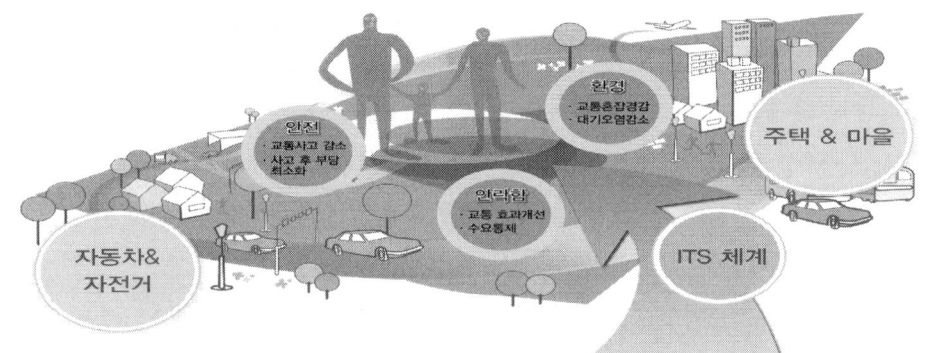

[그림 8.62] U-City의 Eco Road 속 인간을 위한 ITS

Ⅰ Eco Road 횡단면

U-Eco Road의 요소기술

Ⅰ Eco Energy를 이용한 도로 시설

U-Eco Road의 요소기술

| Environmental Design을 적용한 도로 시설물

[그림 8.63] U-Eco Road의 요소기술

3.5 에코로드 기술의 비전

영국 런던의 「Greenwich Millennium Village」, 중국 상하이 근교의 「Dongtan」 신도시 등은 생태도시 및 주거단지의 건설기술 변화 경향의 대표적인 사례이며, 독일에서는 도로에서 발생하는 미세먼지를 줄이기 위해 식생시스템을 개발하여 만하임 도로(Mannheimallee)에 적용하여 4차로인 만하임 도로에 300m의 미세먼지 저감용 식생시스템을 설치하여 그 효과를 검증하고 있으며, 뮬하임 듐텐(Mulheim Dumpten) 가로수를 식재하여 미세먼지 저감효과를 보고 있다.

 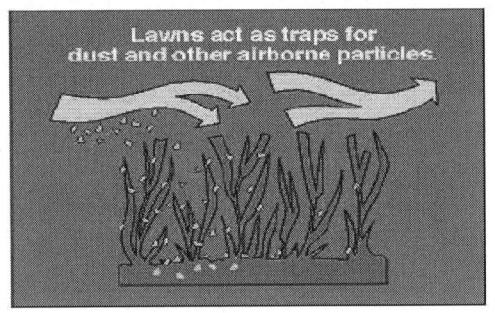

[그림 8.64] 가로수 식재에 의한 미세먼지 저감효과

네델란드에서는 도로에서 발생하는 미세기후변화, 비점오염, 분진, CO_2 등에 의한 대기오염의 감소를 위한 기술개발을 진행하고 있으며, 저감식생을 계절의 특성을 고려하여 식생을 선정하는 경우 여름과 겨울의 저감효과를 20% 정도로 줄일 수 있는 것으로 분석되고 있다. 또한, 식재에 의한 차음과 대기정화 효과는 인공적으로 설치한 차음벽보다 자연친화적이며, 10m 폭에 연장 500m의 수림은 소음 2~3dB(A)과 대기오염 10%의 저감효과를 가져오고 인공차음시설에서 볼 수 없는 대기정화 효과는 도시지역 도로에서 환경부하를 저감시키는 친환경적인 차음시설로 적용성이 높은 것으로 연구되고 있다.

[표 8.9] Eco Road의 환경부하 저감시설

항 목	저 감 시 설
환경부하 저감도로	투수성 지반, 투수성 포장, 도시도로 불투수성 포장 개선
	자전거길, 보행자길, 대중교통길, 연계시스템
생태순환도로	바람길, 물길, 녹지축, 바람댐
	에코브릿지, 에코터널

완충 녹지대의 조성은 도로주변의 경관을 향상하고, 도로 주변의 방음 수림대는 교통소음을 완화하며, 녹지대는 대기 정화기능과 미기후 조절기능을 발휘한다. 투수성 포장재의 활용이 환경에 미치는 영향은 우수의 지하 침투량을 증가시켜 자연친화적인 물순환을 촉진하고 생태계의 순환을 유지하는 순기능을 가진다.

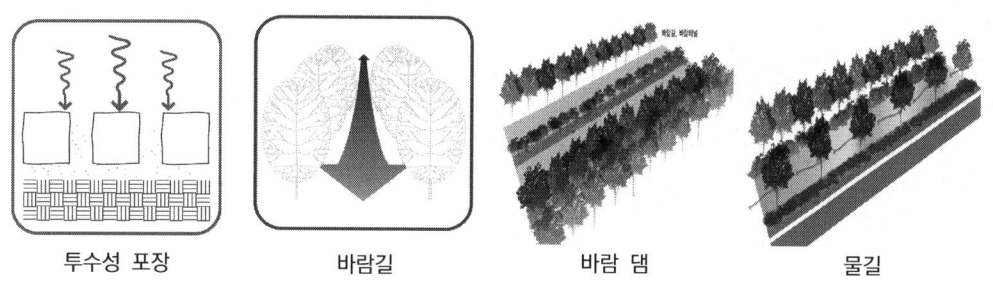

투수성 포장 　　　 바람길 　　　 바람 댐 　　　 물길

[그림 8.65] 도시지역의 물순환과 대기정화 기능

더불어, 도시지역 녹지환경의 확보를 위해 옥상녹화, 벽면녹화 기술을 개발하여 확산시키는 등 자연을 도시 안에 그대로 담은 자연의 모습이 들어와 자리를 잡은 환경 속에서 인간다운 삶이 보장되는 미래지향적인 인간중심의 철학이 에코로드 기술의 비전과 함께 구현되어야 한다.

9
CHAPTER

교통정온화사업에서 주민참여방안

1. 주민참여 형태에 따른 사업시행 방법

교통정온화사업의 취지에 따라 사업의 진행은 주민이 지역의 문제를 제기하고 사업을 제안하는 사업발의 형태가 가장 바람직하지만, 주민들이 통제하기 힘든 지구나 이해관계가 생기는 지구 등에서는 관련 전문가나 행정기관에 의한 사업발의 형태로 진행한다.

두 가지 모두 지역주민, 전문가나 행정기관 등이 중심이 되어 검토를 진행하여 가는 흐름은 같지만, 사업의 발의 주체에 따라 사업형태를 '전문가발의형'과 '주민발의형'으로 구분한다. '전문가발의형'은 Top-Down 방식으로 전문가 또는 행정기관이 주체가 되어 객관적인 입장에서 지역의 문제점을 파악하고 계획(안)을 수립하며, '주민발의형'은 Bottom-Up 방식으로 해당지역을 생활공간으로 하는 주민의 필요에 주민이 직접 사업을 제안하고 계획(안)에 직접 참여함으로써 의견수렴이나 의사결정 등이 수월한 장점이 있다.

[표 9.1] 사업발의 형태의 구분 및 특징

패턴	전문가발의형	주민발의형
특징	・전문가 또는 행정기관이 필요에 따라 사업을 제안 ・전문가와 행정기관 주도로 이해관계에 의한 상대 민원 예상 ・반대의견이 없을 때 문제개선의 신속한 진행 가능 ・주민참여 저조로 의견수렴 곤란, 사업시행 후 민원 발생 우려	・주민의 필요에 따라 사업을 제안 ・주민이 직접 계획(안) 작성 참여 ・주민 의견수렴이 용이함 ・다양한 의견조율로 인한 장시간 소요 ・주민참여 의식 함양 및 유지관리 등 지역의 협조가 용이함
적용 가능 지구	・주민이 통제하기 힘든 지구 ・사업에 의한 주민의 이해관계가 발생하는 지구(상업지구 등)	・일반 주거지구 ・자치회 활동이 활발한 지구 ・지구 내 리더십을 가진 주민대표 존재 경우
유의 사항	・사업상 문제발생 가능성이 있을 때 계획 초기단계에서 대처가 필요함	・합의를 얻기 위하여 시간적인 여유를 갖는 것이 중요함 ・주민조직에 전문가를 파견하거나 운영비용 지원이 필요함

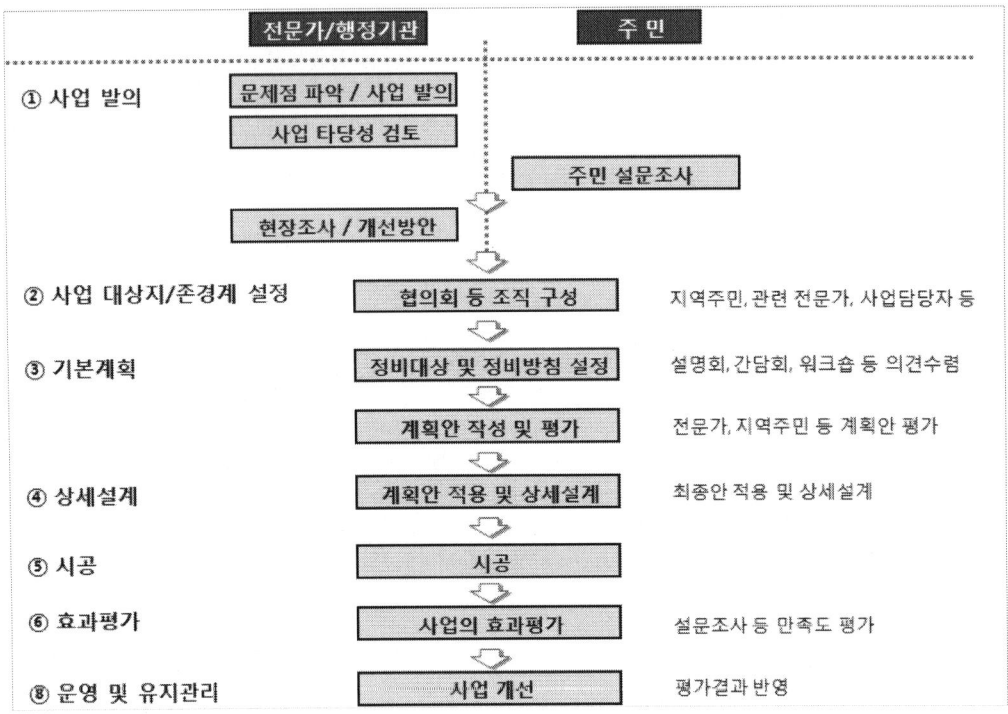

[그림 9.1] 전문가발의에 의한 사업시행 방법

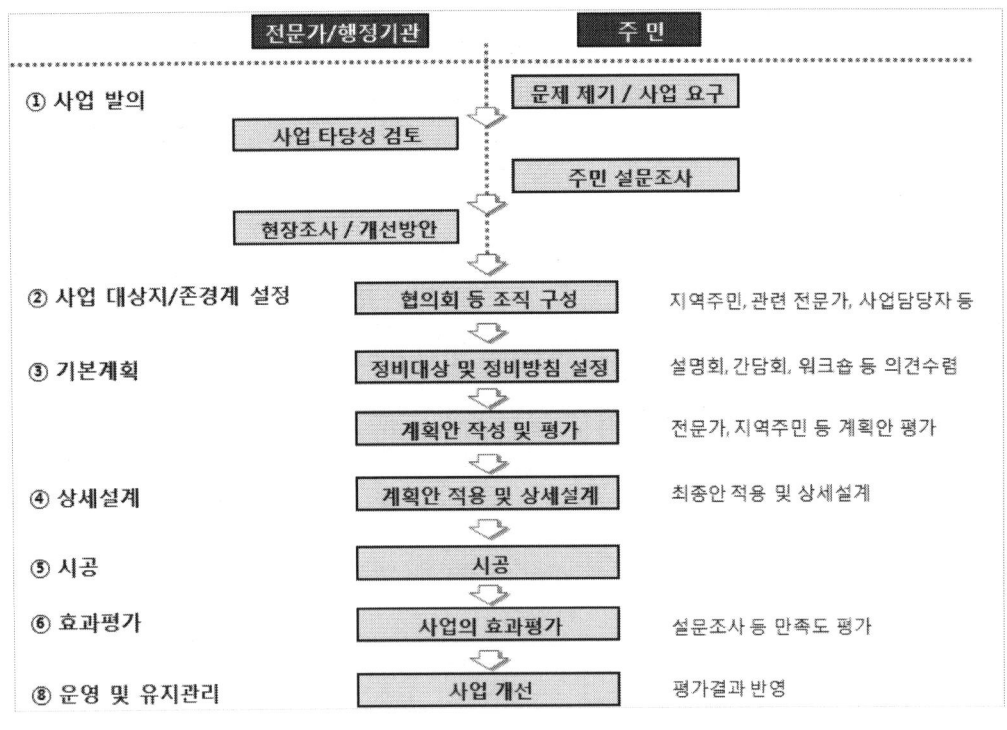

[그림 9.2] 주민발의에 의한 사업시행 방법

2. 사업시행을 위한 조직구성

　교통정온화사업은 지역주민의 적극적인 참여를 통하여 사업의 시행과 운영, 유지관리 측면에서 사업효과가 증대될 수 있다. 실제로 네덜란드, 미국, 일본 등 교통정온화 선진국에서는 주민협의체를 구성하여 사업시행 단계에서부터 운영하고 있다.

　따라서, 교통정온화사업의 성공적인 시행을 위하여 사업의 발의에서부터 사업지 선정, 기본계획, 실시설계, 시공 등 사업시행 단계별 적극적인 주민참여를 유도하여야 할 필요성이 있다.

　사업시행 초기단계에서부터 지역주민과 주민대표를 위주로 한 '협의회' 및 전문가 및 행관기관이 주도하는 '위원회' 등을 구성하여 의견수렴 및 의사결정을 위한 설명회, 간담회, 워크숍, 공청회 등을 실시하여야 하며, 협의회는 해당 지역의 주민과 주민대표가 사업을 시행하여 나갈 수 있도록 창구의 기능을 수행하며, 협의회 의장인 주민대표의 주도로 설명회, 간담회, 워크숍, 공청회 등을 진행하도록 한다.

　위원회는 행정기관과 협력하여 주민대표, 컨설턴트, 관련 전문가, 사업담당자 등을 참여 대상으로 하며 참가자들의 일관성 있는 참여를 통하여 사업이 체계적으로 진행될 수 있도록 지원한다.

[표 9.2] 주민참여형 사업 과정의 주요 내용

설명회	• 관련 전문가나 사업담당자 등 행정기관의 주도로 진행을 하며, 지역주민을 대상으로 사업의 방법, 사업의 개요, 사업의 내용 등을 해당 지역주민의 이해를 돕거나 의견을 수렴을 목적으로 한다.
협의회	• 지역주민이 모여 상호 의견을 제시하거나 의견을 수렴하여서 의사결정을 위한 모임으로 주민대표가 의장을 맡아 진행하도록 한다.
간담회	• 지역주민과 관련 전문가, 사업담당자 상호 간 의견을 나누는 대화 모임으로 지역의 특성, 현안사항, 문제점 등을 파악하거나 의견수렴, 의사결정 등을 목적으로 한다.

워크숍	• 관련 전문가나 행정기관, 주민대표 등의 주도로 지역주민을 대상으로 하며 해당 지역의 현안사항, 문제점, 과제 등에 대하여 문제 제기, 자유토론, 의견수렴, 현장체험, 선진사례 견학 등을 목적으로 하며, 설명회, 간담회, 협의회 등을 워크숍 형태로 진행할 수 있다.
공청회	• 행정기관에서 교통정온화사업을 위한 지역의 관심사항이나 비중이 큰 안건을 심의하기 전에, 행정기관이 학자, 경험자 또는 이해 관계자를 참석하게 하여 의견을 듣는 공개회의를 말하며, 사업의 파급효과나 중대성 등을 고려하여 개최할 수 있다.
협의회·간담회 운영방침	• 협의회와 간담회의 회의방법은 의견청취를 위한 '회의방식'과 참여자가 작업을 실행하는 '워크숍 방식'으로 나눌 수 있으며, 이러한 방식은 참여대상과 검토대상, 검토내용 등에 따라 융통성 있게 적용하는 것이 바람직하다.

3. 사업시행 단계별 주민참여 방안

3.1 사업의 발의 및 사업지 선정

사업의 발의를 위해서 먼저 요구되는 것은 지구 내 문제점 및 해결과제에 대한 주민과 관련 전문가, 행정기관 간 문제의식의 공유이다. 관련 전문가나 행정기관, 지역주민이 설명회나 간담회 등을 통하여 사업의 발의를 제안할 수 있지만, 개최가 곤란할 경우 설문조사 등을 통하여 주민의견을 수렴하거나 광고 등 홍보활동을 통하여 지구 내 문제점을 주민에게 인식시킴으로써 의사결정을 유도하는 것도 바람직하다.

지역주민과 주민대표에 의해 사업이 발의되는 지역은 교통정온화 사업대상 후보지역이 될 수 있으나, 실제 이러한 지역들의 사업지 선정은 현장조사와 관련자료의 조사·분석 등을 토대로 사업지 선정지표 등을 반영하여 관련 전문가나 행정기관이 최종적으로 판단한다.

교통정온화사업이 관련 전문가나 행정기관 또는 지역주민에 의하여 사업이 제안되더라도 최종적인 사업지 선정은 관련 전문가의 객관적인 데이터 수집과 분석을 통하여 행정기관에서 당해 지역 교통정온화사업의 적절성을 검토해야 하므로 사업지 선정을 위한 지표 등을 적용하여 정량적, 정성적 항

목에 따라 대상 지역으로서 사업시행 여부를 판단하여야 한다.

주민참여나 주민의견을 반영하여 사업을 적극적으로 추진할 수 있으나, 점적 또는 선적인 대책으로 충분히 해결할 수 있는지, 다른 대안을 선택할 수도 있는지 등에 대해서도 판단해야 한다.

교통정온화사업이 적정한 경우는 주민이나 전문가, 행정기관 간의 충분한 검토와 의견수렴을 거쳐 사업지에 대한 존 경계를 설정하여야 하며, 사업의 원활한 추진을 위하여 주민협의회, 행정기관을 중심으로 하는 위원회 등 조직을 구성하여 지역주민의 적극적인 참여를 유도하고 체계적으로 사업을 진행하여야 사업의 성공과 지속가능성을 기대할 수 있다.

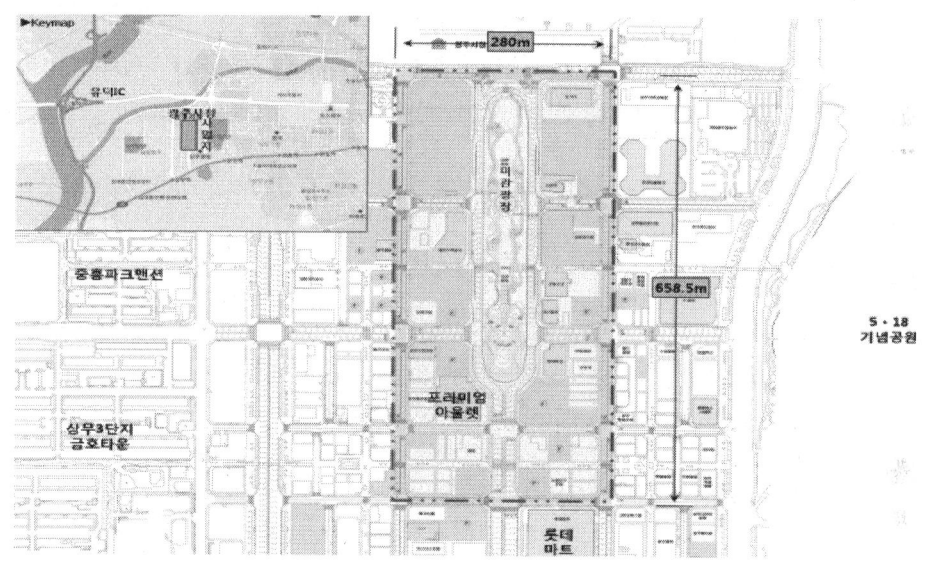

[그림 9.3] 사업지 선정 및 존 경계 설정 사례

3.2 기본계획

(1) 정비대상 및 정비방침 설정

사업 시행을 위한 사업대상지와 존 경계가 설정되면 협의회 등을 통하여 지역주민과 전문가, 사업담당자 등이 기본계획(안)에 대한 합의형성을 위하여 지역에 대한 문제의식 등 공통된 의식 속에서 과제를 파악하기 위한 정비대상과 정비개념을 제대로 이해할 수 있는 정비기법을 선택하는 것이 이상적이다.

이 단계에서 협의회와 간담회 등을 통하여 주민 의견을 수렴함과 동시에 교통안전이나 교통환경, 가로환경, 생활환경, 다른 지역의 사례 등을 제시하여 지역의 문제점과 정비방향 등을 주민들에게 인식시키는 등 합의형성을 위한 활동이 이루어져야 한다.

[그림 9.4] 주민참여를 통한 합의형성 과정(미국 사례)

(2) 계획(안) 작성 및 평가

설계자가 계획한 교통정온화기법에 대한 적절성 여부를 관련 전문가와 지역주민이 사업의 흐름에 따라 적용기법의 적절성에 대한 객관적 검증과 지역의 문제점 해결, 지역특성의 반영 여부를 평가하여야 한다.

도로를 정비하는 방법이나 도로구조, 차량흐름에 관한 기초적인 지식이 제대로 전달되고 이해되지 않은 상황에서 주민들만으로 계획(안)을 결정하는 것은 사실상 문제가 될 수 있으므로 전문가와 주민이 함께 참여하는 설명회, 간담회, 워크숍 등에서 토론하고 합의한 결과를 반영한 의사결정이 중요하며, 이러한 전문가와 지역주민의 참여는 더욱 빠른 시기의 합의형성과 구체적인 정비내용을 끌어낼 수 있다.

또한, 설명회나 간담회, 워크숍을 할 때 주민의 이해도를 고려하여 쉽게 설명하는 방법이 필요하므로 가장 기본적인 도구로는 설계도를 비롯하여 시각적으로 더욱 이해하기 쉬운 것이나 사업의 정비효과를 객관적으로 표현할 수 있는 것으로 조감도, 3D 시뮬레이션, 사례 사진, 모형, VR 등이 효과적이고 계획(안)과 비슷한 선진사례가 있다면 사례 현장을 답사하여 계획(안)을 설명하고 평가하는 과정을 거쳐 사업의 실효성을 높일 수 있다.

[그림 9.5] 사업 전·후 이미지 작성을 통한 계획(안) 평가

3.3 상세설계, 시공 및 효과평가

계획(안) 적용단계로 지역주민과 관련 전문가, 사업담당자 등의 다양한 의사결정 과정을 통하여 작성된 계획(안)을 기법의 적절성, 정비효과, 주민의견 반영 여부 등 관점에서 최종적으로 검증할 필요가 있다.

현장에서 계획(안)을 임시로 재현하여 참가자들이 이를 직접 체험함으로써 평가하는 사회실험이나 완성 후의 이미지를 조감도나 모형 등을 전시하는 방법 등을 활용할 수 있다. 참가자에 따른 평가는 체험 후의 만족도 등 정량화할 수 있는 설문조사를 실시하는 것도 가능하다.

이 단계에서 실시하는 주민설명회는 교통정온화사업에 대한 최종안을 확정하고 설명하기 위한 참여 과정이며, 상세설계 단계와 이후의 시공단계, 공용단계에서도 지속적인 모니터링과 적극적인 주민참여가 이행되어야 활발한 피드백을 통해 주민들과 함께 하는 편안하고 안전하며 활기 있는 생활도로의 지속가능성을 유지할 수 있다.

이러한 과정에서 지역주민, 행정기관, 전문가, NGO 등이 원활하게 연계하여 공동의 목표를 이루기 위해 노력을 할 때 가로환경 개선, 생활환경 개선, 안전환경 개선으로 이어져 편안하고 쾌적한 거리로 활성화되어 지역의 커뮤니티 활성화로 이어질 것을 기대할 수 있다.

[그림 9.6] '국제교류 복합지구 보행축 정비사업' 주민간담회, 강남구 삼성동

 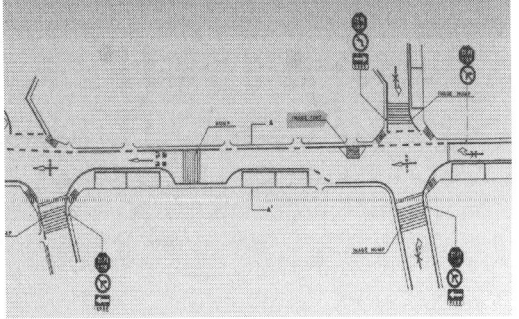

[그림 9.7] 설계(안)에 대한 주민설명회 개최

[그림 9.8] 상세설계를 통한 설계도면 작성

APPENDIX

교통정온화사업의 시행을 위한 지표

본 지표는 '교통정온화기법 적용기준에 관한 연구'(국토교통과학기술진흥원, 2014)에서 개발한 교통정온화사업의 시행에서 적용할 수 있는 지표를 제시한 것이므로 연구자의 방식과 관점에 따라 조정될 수 있다.

1. 지표의 적용방안
1.1 교통정온화사업의 시행방안

교통정온화사업은 시행 형태에 따라 기존의 주거지역, 상업지역, 문화지역, 역사·관광지역의 선적, 면적인 개선을 통하여 시행되는 재정비사업에 따른 교통정온화사업과 신도시 개발, 택지개발, 관광지 개발 등 신규 개발사업에 따른 개발구역 내 교통정온화사업의 시행으로 구분할 수 있다.

재정비사업의 교통정온화 대상 사업지 선정에 있어서는 전문가와 지역주민의 참여를 위하여 전문가발의형 및 주민발의형으로 구분하여 사업지를 선정하도록 한다.

사업지를 선정하여 해당지역의 교통정온화사업 발주 후 최적의 기법 적용을 위하여 설계 실무자, 전문가, 지역주민을 대상으로 하는 설계절차별 기법의 효과측정을 시행하며, 지역특성 및 주민의 요구에 맞는 최적의 기법을 적용하는 것을 목적으로 효과 측정지표를 적용한다.

교통정온화사업 시행 후 사업의 효과를 평가하기 위해서는 사업 담당자, 전문가, 지역주민을 대상으로 효과 평가지표를 적용하여 모니터링 및 평가를 통하여 유지관리 시, 피드백(feed back) 효과를 유도한다.

또한, 신규 개발사업을 시행할 경우에는 개발계획 수립 후 개발구역 내 계획도로 중 집산도로 이하의 도로를 대상으로 교통정온화기법을 적용한다.

최적의 기법 적용을 위하여 설계 실무자, 전문가를 대상으로 하는 설계 절차별 기법의 효과측정을 시행하며, 주변지역 주민을 대상으로 한 주민설명회를 통하여 지역특성 및 주민의 요구에 맞는 최적의 기법을 적용하는 것을 목적으로 효과 측정지표를 적용한다.

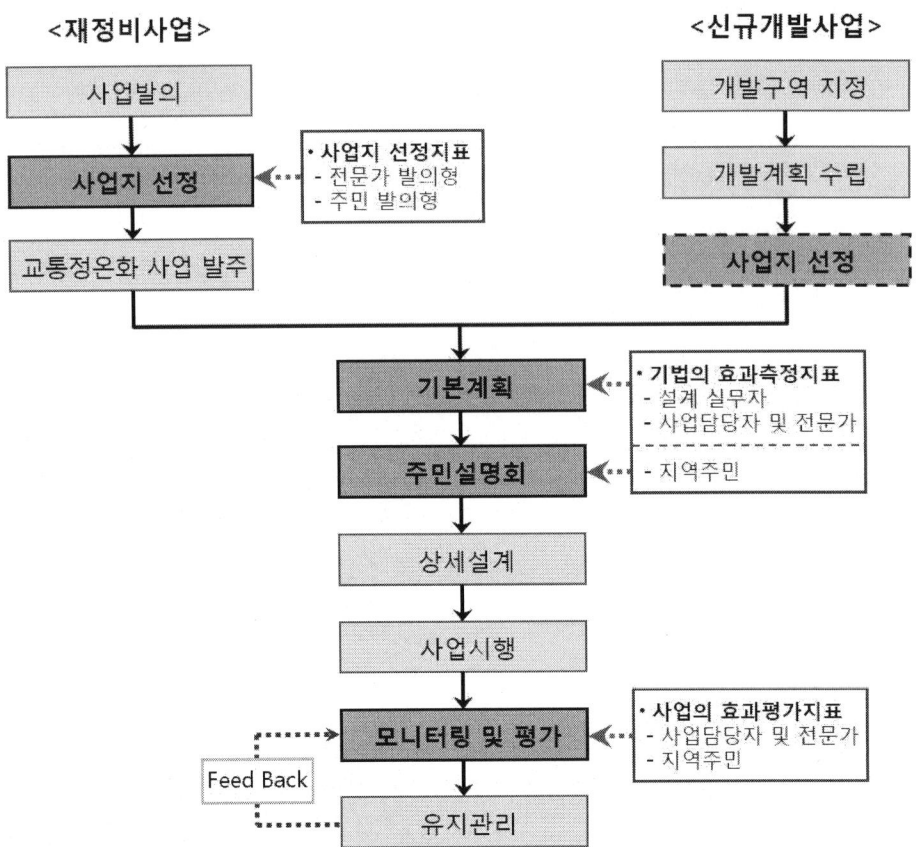

[그림 1] 교통정온화사업의 시행 및 지표의 적용

1.2 지표의 특성

교통정온화는 안전한 보행환경, 쾌적한 생활환경, 편안한 가로환경을 기본 방향으로 설정하였으며, 안전성 측면, 환경성 측면, 시설적 측면, 사용성 측면에서 지표를 구분한다. 「사업지 선정」, 「기법의 효과측정」, 「사업의 효과평가」를 위한 지표로 구분하였으며, 지표별 특성은 다음과 같다.

[표 1] 사업과 기법의 지표별 특성

구 분	지표의 특성 및 개발 방안

사업지 선정지표	• 전문가 및 지역주민 참여를 통한 사업대상 구간 선정을 목적으로 함
	• 발의 및 주민 발의에 의한 사업지 선정으로 구분
	  - 전문가 발의에 의한 지표 : 사업담당자와 전문가를 대상으로 하는 정량적 지표
	  - 주민 발의에 의한 지표 : 지역주민의 이해도를 고려하고 지역특성 반영을 위한 정성적 지표

기법의 효과측정지표	• 지역특성 및 주민의 요구에 맞는 최적의 기법 적용을 목적으로 함
	• 실무자/전문가/지역주민 대상으로 설계 절차별 기법의 효과측정 시행
	  - 기법의 계획(안)을 작성할 때, 설계 실무자를 위한 체크리스트 적용
	  - 기법의 계획(안)을 평가할 때, 전문가 자문을 위한 효과측정지표 적용
	  - 기법의 계획(안)을 적용할 때, 지역특성 및 주민의견 반영을 위한 효과측정지표 적용

사업의 효과평가지표	• 교통정온화 사업의 효과를 평가하기 위하여 사업담당자, 전문가와 지역주민을 대상으로 효과평가 시행

2. 사업지구 선정지표

사업담당자나 전문가, 지역주민의 참여를 통하여 사업지 선정지표를 적용함으로써 교통정온화 사업대상 구역을 선정한다.

「전문가 발의에 의한 사업지 선정」은 중앙정부 및 지자체의 사업 필요성 인식으로 교통정온화사업을 시행하고자 할 때, 사업담당자와 관련 전문가를 대상으로 하는 전문가 발의형 사업지 선정지표를 적용하여 사업지를 선정한다.

「주민 발의에 의한 사업지 선정」은 지역주민의 사업 필요성 인식에 의하여 교통정온화사업을 시행하고자 할 때, 지역주민이 제안하는 주민 발의형 사업지 선정지표를 적용하여 관련기관의 평가에 의하여 사업지를 선정한다.

2.1 전문가 발의형 사업지 선정지표

전문가 발의에 의한 사업지를 선정할 때, 다음의 '전문가 발의형 사업지 선정지표'에서 제시된 10개의 정성적·정량적 지표를 적용하여 사업지를 선정한다.

하지만 사업지를 선정할 때 각 지표의 점수를 동일하게 적용하게 되면 지표의 경중(輕重)을 고려하지 못하는 결과가 나타날 수 있으므로 도로, 교통, 경관디자인 분야 전문가를 대상으로 한 설문조사를 바탕으로 AHP 분석을 시행하여 다음 [표 2]의 '전문가 발의형 사업지 선정지표'에서 제시된 가중치를 적용한다.

[표 2] 사업지 선정지표 [전문가 발의형]

특 성	연번	지 표 항 목	가중치
안전성 측면	1	교통사고 발생건수	0.253
	2	교통량	0.062
	3	차량 평균 주행속도	0.128
	4	사업대상구간 내 활동특성(보행이니 지전거 이용이 많은 지구)	0.081
	5	제한속도 30km/h 운영구간의 비율	0.078
환경성 측면	6	소음도	0.060
시설적 측면	7	보행자 유발시설의 빈도	0.079
	8	보도 미설치 구간 비율	0.060
사용성 측면	9	불법주정차 및 노상주차로 인한 안전사고 발생이 우려되는 정도	0.050
	10	지역주민 요구가 강하며 주민의 교통안전 문제가 우려되는 정도	0.148

2.2 주민 발의형 사업지 선정지표

주민 발의에 의해 사업지를 선정할 때는 다음 [표 3]에서 제시한 8개의 정성적 지표를 적용하여 사업지를 선정한다.

하지만 사업지를 선정할 때 각 지표의 점수를 동일하게 적용하게 되면 지표의 경중(輕重)을 고려하지 못하게 되는 결과가 나타날 수 있으므로 도로,

교통, 환경, 경관디자인 분야 전문가를 대상으로 한 설문조사를 바탕으로 AHP분석을 실시하여 다음 [표 3]의 '주민 발의형 사업지 선정지표'에서 제시된 가중치를 적용한다.

[표 3] 사업지 선정지표 [주민 발의형]

연번	지 표 항 목	가중치
1	사업대상 구간 내 교통사고의 발생이 자주 일어납니까?	0.276
2	사업대상 구간 내 차량의 통행량이 많아 안전사고의 위험이 있습니까?	0.083
3	사업대상 구간 내 차량의 주행속도가 높아 안전사고의 위험이 있습니까?	0.146
4	사업대상 구간 내 공공시설, 상가 등 보행자 유발시설이 많다고 생각하십니까?	0.085
5	사업대상 구간 내 보행자 시설 설치와 차량에 대한 규제가 필요하다고 생각하십니까?	0.095
6	사업대상 구간 내 차량 통행으로 인한 소음이 많이 발생한다고 생각하십니까?	0.032
7	사업대상 구간 내 주차 여건에 불만족하십니까?	0.065
8	위의 설문 내용을 종합하여 교통정온화사업 시행이 꼭 필요하다고 생각하십니까?	0.218

3. 교통정온화기법의 효과평가 지표

실무자·전문가·지역주민을 대상으로 교통정온화기법의 계획(안)에 대하여 설계 절차별 효과측정을 시행함으로써 지역특성과 주민의견을 반영한 최적의 교통정온화기법을 적용한다. 기법의 효과평가 지표는 이미 검증된 각 기법의 안전성 및 효과에 대한 적용성에 대하여 설계 실무자, 전문가, 지역주민 등의 의견을 반영하는 지표이다.

설계 실무자는 계획(안) 작성, 전문가는 계획(안) 평가, 지역주민은 계획(안)을 적용할 때 계획된 기법의 효과에 대하여 정도를 측정한다.

3.1 기법의 효과평가 지표 도출 [설계 실무자 대상]

교통정온화기법의 계획(안) 작성을 위하여 계획단계에서 설계 실무자가 효과평가 지표를 적용하여 교통정온화 기법별로 효과를 평가한다.

[표 4] 계획(안) 작성을 위한 효과평가 지표 [설계 실무자 대상]

기법		지표항목	측	정		의	견
과속방지턱 (Speed Hump)	안전성 측면	갑작스런 속도 감속으로 사고위험이 있는가					
		속도저감의 효과가 있는가					
	환경성 측면	생활환경의 개선효과가 있는가					
	시설의 사용성 측면	시설물 간 설치간격은 적절한가					
		설치기준에는 적합한가					
		통과할 때 운전자의 불쾌감을 유도하였는가					
시케인 (Chicane)	안전성 측면	핸들조작에 불편함이 없는가					
	환경성 측면	생활환경의 개선효과가 있는가					
	시설의 사용성 측면	시설물 간 설치간격은 적절한가					
		설치기준에는 적합한가					
		통과할 때 운전자의 불편함을 유도하였는가					
차로폭 좁힘 (Choker)	안전성 측면	통과할 때 안전사고의 위험이 있는가					
		속도저감의 효과가 있는가					
	환경성 측면	생활환경의 개선효과가 있는가					
	시설의 사용성 측면	시설물 간 설치간격은 적절한가					
		설치기준에는 적합한가					
		통과할 때 운전자의 불편함을 유도하였는가					
고원식 횡단보도 (Raised Crosswalks)	안전성 측면	속도저감으로 보행자의 안전이 확보되는가					
	환경성 측면	생활환경의 개선효과가 있는가					
	시설의 사용성 측면	시설물 간 설치간격은 적절한가					
		설치기준에는 적합한가					
		통과할 때 운전자의 불편함을 유도하였는가					
최고속도 규제	안전성 측면	속도저감의 효과가 있는가					
	환경성 측면	생활환경의 개선효과가 있는가					
	시설의 사용성 측면	인지성이 확보되는가					
		설치기준에는 적합한가					

주) ◎ 효과 대, ○ 효과 중, △ 효과 소, × 기대효과 낮음

3.2 기법의 효과평가 지표 도출 [사업 담당자 및 전문가 대상]

교통정온화 기법의 계획(안)에 대한 자문단계에서 설계 실무자가 효과평가 지표를 적용하고 feed back 과정을 수행하도록 한다.

[표 5] 계획(안) 평가를 위한 효과평가 지표 [사업담당자 및 전문가 대상]

분류		기 법	안전성 측면 효과		생활환경 개선효과	보행환경 개선효과	설치의 적절성	의견
			속도 억제효과	교통량 억제효과				
물리적 기법	속도 저감 시설	과속방지턱(hump)						
		시케인(chicane)						
		차로폭 좁힘(choker)						
		고원식 교차로						
		요철포장						
	횡단 시설	고원식 횡단보도						
		보행섬식 횡단보도						
	기타 시설	볼라드(bollard)						
		보행자 우선통행을 위한 신호기						
		대중교통정보알림시설 등 교통안내시설						
제도적 기법	가로부	대형차 통행금지						
		보행자용 도로규제						
		주차금지 규제						
		일방통행 규제						
		시간제 주차 규제						
		횡단보도						
	교차부	통행방향 지정						
		일시정지 규제						
		교차로 표시						
	기타	30km/h 최고속도 규제						

주) ◎ 효과 대, ○ 효과 중, △효과 소, ×기대효과 낮음

3.3 기법의 효과평가 지표 도출 [지역주민 대상]

교통정온화기법의 계획(안)의 적용을 위하여 지역특성을 반영한 적용기법에 대하여 주민설명회 등 지역주민을 대상으로 효과평가를 시행한다.

[표 6] 계획(안) 적용을 위한 효과평가 지표 [지역주민 대상]

특성	평가 항목	아니다…그렇다					의견
		1	2	3	4	5	
안전성 측면	• 통행차량 감소 및 속도감소로 인한 사고위험이 감소한다						
	• 도로교통 환경의 개선으로 불법주차 차량이 감소한다						
환경성 측면	• 통과교통량의 감소로 소음이 감소하며, 대기가 맑아진다						
	• 식재, 시설물 디자인 등으로 가로환경이 개선된다						
시설적 측면	• 사업 시행으로 인한 보행공간이 확보된다						
	• 도로 기능의 재설정이 필요하다						
	• 자전거도로 확보로 단거리 이동성이 증가된다						
	• 생활환경개선(조명시설 설치 등)으로 야간범죄 예방에 효과적이다						
사용성 측면	• 사업의 정비효과로 보행환경이 개선된다						
	• 사업의 정비효과로 생활환경이 개선되어 쾌적성이 향상된다						
	• 지역 이미지 개선에 효과적이다						

[그림 2] 적용기법의 효과측정을 위한 사업시행 전·후 이미지 사례

4. 교통정온화사업의 효과평가 지표

사업시행 전·후 비교를 통하여 교통정온화사업 효과평가 및 개선방안 도출을 통한 유지관리를 시행한다. 교통정온화사업 시행에 따른 지역주민과 도로 이용자의 편익 가치를 정량화하여 사업의 효과를 평가하고 사업의 타당성, 당위성을 부여하며 평가 결과에 따른 개선방안 도출을 통한 유지관리와 feed back 효과를 유도한다.

교통정온화사업의 효과를 평가할 때는 다음의 '사업의 효과평가 지표'에서 제시한 사업 특성별 12개의 정성적·정량적 지표를 적용하여 사업의 효과를 평가한다.

하지만 사업의 효과를 평가할 때 각 지표의 점수를 동일하게 적용하게 되면 지표의 경중(輕重)을 고려하지 못하게 되는 결과가 나타날 수 있으므로 도로, 교통, 환경, 경관디자인 분야 전문가를 대상으로 한 설문조사를 바탕으로 AHP 분석을 시행하여 다음 [표 7]의 '사업의 효과평가 지표'에서 제시된 가중치를 적용한다.

[표 7] 사업의 효과평가 지표

특 성	연번	평 가 항 목	가중치
안전성 측면	1	교통사고 발생건수 감소율	0.296
	2	차량 평균 주행속도	0.146
	3	교통량 감소율	0.082
	4	불법주차 대수	0.049
환경성 측면	5	CO_2 배출량(대기오염)	0.031
	6	소음도	0.039
시설적 측면	7	교차로 서비스수준	0.056
	8	보도신설 및 정비 (보도 설치구간 길이)	0.077
사용성 측면	9	보행여건의 개선 정도	0.077
	10	주변경관 개선 정도	0.021
	11	규제 및 안내표지 설치의 적절성	0.032
	12	교통정온화 사업에 대한 주민만족도	0.095

참고문헌

- 국토교통과학기술진흥원(2014), 교통정온화기법 적용기준에 관한 연구 최종보고서
- 국토교통과학기술진흥원(2014), 교통정온화기법 적용지침(안)
- 교통안전공단(2017), 교통정온화구역 설계매뉴얼
- 국토교통부(2019), 교통정온화시설 설치 및 관리지침
- 국토교통부(2020), 도로의 구조·시설기준에 관한 규칙 해설
- 서울특별시(2020), 초등학교 주변 보행로 시범사업 모니터링 용역
- 서울특별시(2019), 노인보행사고 다발지역 보행사고방지 집중개선 계획수립 및 실시설계 용역
- 서초구청(2020), 이수초등학교 주변 보행로 시범사업 실시설계
- 손원표 외(2012), 한국형 교통정온화사업의 대상범위 설정 및 기법 적용에 관한 연구, 교통 기술과 정책
- 손원표 외(2013), 한국형 교통정온화 사업시행을 위한 지표개발 연구, 교통 기술과 정책
- 손원표 외(2016), 아파트 단지 내 교통정온화 도로설계 가이드라인 연구, 교통안전공단
- 손원표 외(2021), 초등학교 주변 어린이보호구역 시범사업의 성과분석 및 개선방안, 교통 기술과 정책
- 한상진 외(2019), 보행교통의 이해, ㈜키네마인
- 손원표(2014), 도로경관계획론, 도서출판 반석기술
- 손원표(2010), 도로공학원론, 도서출판 반석기술
- 손원표(2022), 지속가능한 길 그 속에 깃든 모습들, 길 문화연구원
- 한민근(2011), 구조방식을 이용한 아파트 단지의 주차장 유형별 이용 만족에 관한 연구, 계명대학교 석사학위논문
- 방일경(2020), 배려하는 디자인, 미술문화
- 도로교통공단(2007), 주거지역 속도관리방안 연구_30존 도입방안을 중심으로
- Institute of Highway Engineers(2002), Home Zone Design Guidelines
- 交通工学研究会(1996), コミュニティ・ゾーン形成マニュアル(커뮤니티존 형성매뉴얼)
- 交通工学研究会(2000), コミュニティ・ゾーン実践マニュアル(커뮤니티존 실천매뉴얼)

〈프로필〉

성균관대학교에서 토목공학을 공부하고 인천대학교 대학원에서 도로공학을 전공하였다. 대학 졸업 후, 대한민국공군 시설장교(공병)로 복무하였으며 이후 길을 생각하고 사랑하는 사람이 되어 '길 **전문가**'의 길을 걷고 있다.

1990년대 중반부터 선진 여러 나라에서 적용하고 있던 경관설계에 관심을 갖고 공감대 확산에 힘을 기울여 왔으며, 2000년대 들어 새로운 패러다임으로 떠오르고 있는 **친환경도로, 경관도로, 인간중심도로**의 정착을 위해 노력하고 있다. '교통정온화기법 적용기준에 관한 연구'(2014년)를 수행하며 한국형 교통정온화의 정립을 도모하였고, 가로환경과 생활환경을 향상하는 편안하고 쾌적한 보차공존도로의 확산을 위해 노력하고 있다.

손원표 孫元杓

공학박사, 기술사(도로, 교통)

저서로는 「아름답고 새로운 **도로공학원론**」, 「경관·환경·디자인 **도로경관계획론**」, 「자연과 역사, 문화가 깃들어 있는 **길**」 등이 있다.
- 전/동부엔지니어링(주) 기술연구소장
- 전/(사)한국도로학회 도로문화위원장
- **길 문화연구원 원장(현)**
  wpshon54@naver.com

보차공존도로

인쇄일 : 초판1쇄 2022년 12월 26일
발행일 : 초판1쇄 2022년 12월 30일

저　　자 | 손원표
펴 낸 곳 | 도서출판 반석기술
펴 낸 이 | 황희재
표지디자인 | 세움디자인

주　　소 | 서울시 영등포구 신풍로 77길
전　　화 | 02-831-1224
팩　　스 | 02-831-1226

ISBN　978-89-92312-39-4 (93530)

ⓒ 2023, 손원표

- 파손 및 잘못 만들어진 책은 교환해 드립니다.
- 이 책의 독창적인 내용에 대한 무단전재 및 모방은 법으로 금지되어 있습니다.